科学の扉
Gateway to Science

島袋隼士

宇宙の謎に迫る!

中学生から わかる 現代天文学

技術評論社

まえがき

皆さんは日常生活の中で「宇宙」を感じることはあるでしょうか。2024年には新たな日本人飛行士の登場や、SpaceXのロケットの垂直着陸成功など、宇宙開発に関するニュースが話題となりました。これらは人類の技術の進歩を示す重要な出来事ですが、「宇宙」という言葉の意味は、それだけにとどまりません。

果てしなく広がる宇宙は広大で神秘的な世界です。多くの人が聞いたことのあるブラックホールも、その一部にすぎません。宇宙には、ブラックホール以外にも、壮大で、ダイナミックで、私達の想像できない世界が広がっています。例えば、「宇宙のはじまりはどうだったのか？」「宇宙の終わりはどうなるのか？」「宇宙人は存在するのか？」など、SF映画に出てきそうなワクワクするような疑問が宇宙にはたくさん存在します。そして、それらの疑問に対して、宇宙を研究する分野である「天文学」は答えやヒントを提供してくれます。

私は大学で「現代天文学入門」の授業を担当し、学生たちに「この授業を受けた後、夜空の見え方がきっと変わる」と伝えています。本書では、その授業の中から選りすぐった100のトピックを紹介しています。星や銀河、ブラックホール、宇宙の歴史など、多岐にわたるテーマを扱い、読者の皆さんが「これは面白い！」と感じられる内容を詰め込みました。

この本を読み終えたとき、夜空を見上げたときの感覚が少しでも変わり、宇宙の広がりを身近に感じてもらえたら嬉しいです。

島袋隼士

chapter 1

人類は宇宙をどう捉えてきたのか?
天文学の歴史と宇宙観の変遷

chapter 2

宇宙を「観る」方法
宇宙観測の最前線

chapter 3

太陽と太陽系

chapter 4

星の誕生と進化

chapter 5

星が死んだ後はどうなるの？ 中性子星やブラックホールでみる極限天体

chapter 6

星々のシンフォニー
銀河の謎に迫る

chapter 7

宇宙の始まりから未来まで
現代宇宙論入門

chapter 1

人類は宇宙をどう捉えてきたのか？

天文学の歴史と宇宙観の変遷

私たちの住む地球

地球。この単語を知らない方はあまりいないのではないでしょうか？ 地球は太陽の周囲を回る惑星の一つです。(「惑星」とは何か？ と疑問に思った方もいるかもしれません。これはすごく良い問いです。後ほど、惑星とは何か？ について考えていきます。ここではひとまず、「太陽の周りを回っている星」という程度の理解をしてください。)

ここで地球について少し考えてみましょう。私たちは地球について何を知っていますか？ 地球は約24時間かけて自転するので、1日の長さは約24時間であること、太陽の周りを約1年かけて公転することなどがすぐに思い浮かぶでしょうか？

「日本には四季がある」。日本の良いところとして挙げられる一つです。もちろん、日本以外にも四季のある国はありますが、なぜ、春夏秋冬の四季があるのでしょう？ 実は、地球の自転軸が公転面に対して約23.4°傾いていることによって、四季が生じると考えられています。

地球の構成について考えると、その約70%が海で覆われていることや、大気に目を向けると、約78%が窒素、我々が生きるのに必要な酸素が約21%含まれています。

上の例では、私たちは身近な例を通して地球の性質を考えてきました。今度は、宇宙に存在する惑星としての地球について考えてみましょう。地球も他の惑星と大きさや質量などの量で比較することができます。ちなみに地球の半径は約6400km、質量は約6×10^{24}kgです。人間の身長や体重と比較したらものすごく大きい値ですね。これらの値が他の惑星、または太陽と比べてどうなのかを知ることで、地球のスケール感や宇宙における位置づけが見えてきます。**地球を起点に、太陽系や銀河、宇宙全体と視野を広げることで、宇宙に対する理解が深まります。**地球は宇宙を考える上での最初の第一歩なのです。

©NASA

半径	6400 km
質量	6×10^{24} kg
自転軸の傾き	約23.4°
大気の主成分	窒素、酸素
自転周期/公転周期	約24時間/約365日
見た目の色	青、茶、白、緑
⋮	⋮

地球の特徴を出発点に他の惑星を比べるのが宇宙を考える上での第一歩。大きさや質量、色などのほんの些細なことでも、その惑星を知るための大きな足がかりになります。

太陽
私たちの活動の源

太陽は地球にとって欠かせない存在であり、眩しい光と莫大なエネルギーを地球に届けています。このエネルギーは宇宙を通り地球に到達し、大気を通過して地表に届きます。**太陽のエネルギーは、地球上の生命活動や気候に大きな影響を与えています。**

私たち人間のみならず、地球上の動植物はこの太陽のエネルギーを利用することによって活動しています。例えば、植物は太陽エネルギーを利用して光合成を行い、酸素やデンプンなどの有機物を生み出します。酸素は私たち人間にとって不可欠であり、太陽エネルギーがあるおかげで生命活動が成り立っています。また、太陽エネルギーは大気や地表を温め、風や海流の発生、気温の分布など地球の気候システムにも影響を及ぼします。

さらに、太陽のエネルギーは再生可能エネルギーとしても注目されています。例えば、ソーラーパネルを使った太陽光発電は、太陽エネルギーを電気に変換して日常生活で活用しています。最近では、太陽エネルギーは再生可能なエネルギーとしての有効利用が注目されています。

このように、太陽は地球上の生命や活動、気候に多大な影響を与えるだけでなく、エネルギー源としても活用される重要な存在です。太陽の天文学的な特徴については後ほど詳しく説明していきます。

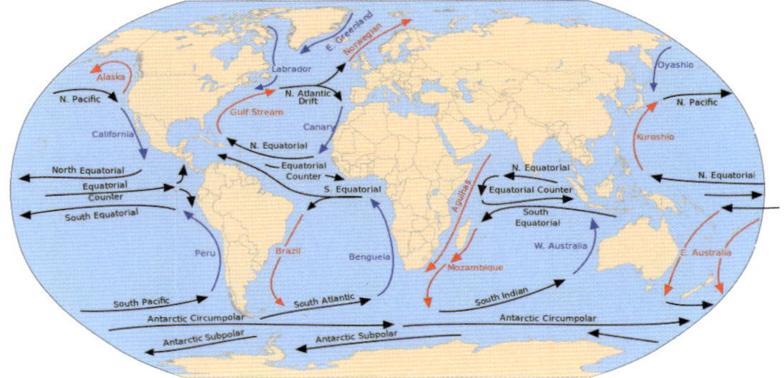

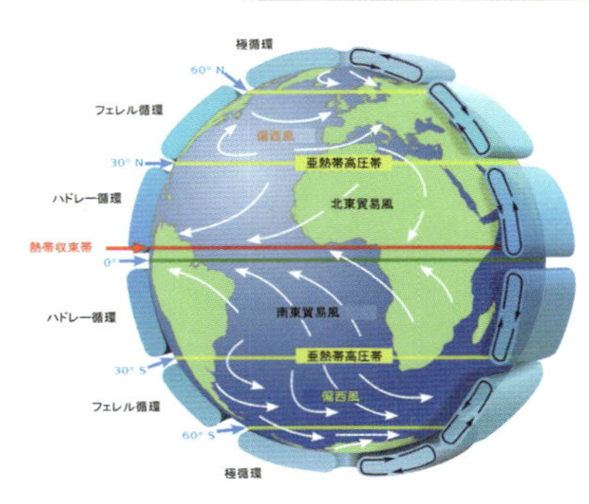

太陽の利用（上：太陽光パネル）と太陽による影響（中：海流の発生、下：大気循環）。太陽の熱エネルギーは、ときに生活のために利用され、自然現象を起こす原因になる。

出典を日本語訳

天文学ってどんな学問?

私たちの住む地球と、私たちにとって身近な天体である太陽について見てきました。この2つの天体は人類が宇宙について考える上で長らく主役であり、**古代の人々にとっての「宇宙」とは、太陽と地球、その他の惑星の運動について考えること**でした。天文学とは「宇宙」について考える学問であり、私たち人類は遥か昔から宇宙について考え続けてきました。天文学の歴史は人類の歴史と共にあったと言っても過言ではありません。物理学理論と観測技術の発展に伴い、現代天文学は太陽と地球、その他の惑星に留まらず、恒星、星間物質、ブラックホール、銀河、さらには宇宙そのものを対象とするようになりました。

皆さんは宇宙に関してどのような疑問を持つでしょうか?例えば、「太陽には空気がないのにどうして燃えることができるの?」と疑問に思う方がいるかもしれません。また、「ブラックホールって映画などでよく名前を聞くけど、ブラックホールって何? 吸い込まれるとどうなるの?」や「宇宙人って存在するの?」などは、多くの人が疑問に思うでしょう。私が一般の方向けに宇宙の話をするときは、「宇宙の始まりはどうなっていたの?　宇宙の終わりはどうなるの?」や、「宇宙の外側には何があるの?」のような質問をよくされます。大人から子供まで、宇宙に関して不思議に思うことは多いのではないでしょうか?　こういった疑問に対して向き合い、答えを出していく学問が天文学です。

「天文学を研究している」と紹介すると、「それって何の役に立ちますか？」と問いかけられる場面があります。確かに「天文学を知っていたらお金持ちになる」とか、逆に「天文学を知らないと生活で困る」のようなことはないでしょう（航海士は星の動きを頼りにして航海していた時代もあったので、一部の人にとっては天文学を知らないと困るという場面があるかもしれませんが…）。天文学はそういう意味では「役に立たない」かもしれません。しかし、**天文学を勉強して宇宙のことについて少し詳しくなり、「夜空に輝く星がどうやって輝いているのか？」「星までの距離は大体どれくらいなのか？」などがわかると夜空を見上げたときにちょっとだけ宇宙が違って見えるかもしれません。**そして、そのことが読者の皆さんの心をほんの少し豊かにして、人生を少しだけ楽しくするかもしれません。

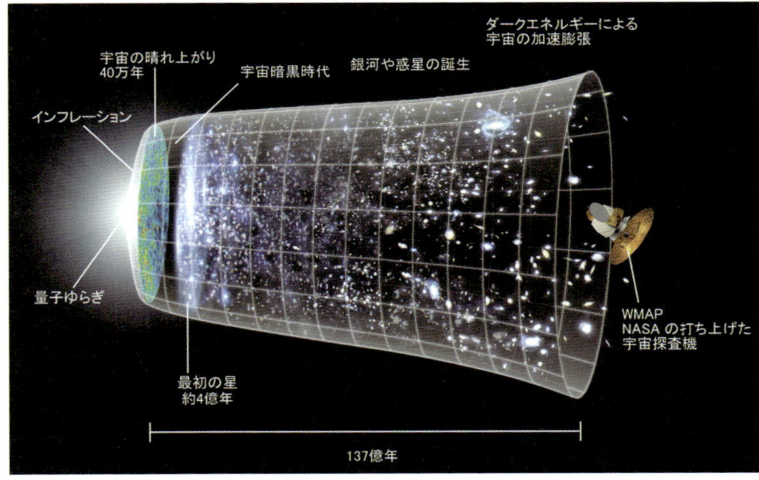

宇宙の歴史を表したイラスト。左側が宇宙の始まりを表し、右側に行くほど現在の宇宙を表しています。量子ゆらぎから始まった宇宙は星や銀河が誕生し、現在へと繋がります。本書を読み終える頃にはこのイラストをより理解できるので、再びこのイラストに戻ってきてみてください。

出典を日本語訳 ©NASA

天文学の歴史 1
天文学の始まり

「天文学の始まりはいつか？」と問われると回答するのが中々難しく明確な答えはありません。天文「学」と言うくらいなので、学問としての天文学が成立した時期でしょうか？　そう考えると、今から約2500年前、古代ギリシャで宇宙について論じたプラトンやアリストテレス達に天文学は端を発すると言えるかもしれません。天体を観測していた時期を天文学の始まりと考えてみると、今から約5000年前、紀元前3000年くらいのメソポタミア文明の人々は、垂直に立てた棒の影の長さが太陽の位置によって変わることに気付き、日時計として利用しました。また、季節によって影の様子が変化することにも気付いていたようです。

さらに、同時期にメソポタミア地方の羊飼い達が夜空を見上げて、輝く星たちを結ぶことで神話の英雄たちや動物を夜空に描いたのが星座の始まりとされています。紀元前2000年頃の古代エジプト文明では、太陽の年周運動に基づいた太陽暦を用いて季節変化をスケジューリングして、農耕に利用していたという記録が残っています。また、フランスのラスコー洞窟には約1-2万年前の旧石器時代にクロマニヨン人によって牛、馬、鹿などが描かれた壁画があり、そこに天体を観測したと思しき壁画も描かれていました。これがもし本当ならば、旧石器時代のクロマニヨン人達は空を観測していたことになり面白いですが、あくまで仮説の１つに過ぎません。

「天文学の始まりはいつか？」この質問に答えるのは中々容易ではありませんが、確実に言えることは、**我々人類は数千年**

前から夜空を見上げ、太陽や星たちを観測し、生活に利用していたことです。宇宙は遥か昔から我々人類にとって身近なものであり生活と繋がっていたのです。そして、現代人の我々も夜空を見上げて宇宙を感じることがありますが、数千年前の人々も同じ夜空を見上げていたと思うと、人類の歴史、歴史が移り変わっても人々が夜空を見上げるという同じ行為を行うことにロマンを感じずにはいられないと思います。

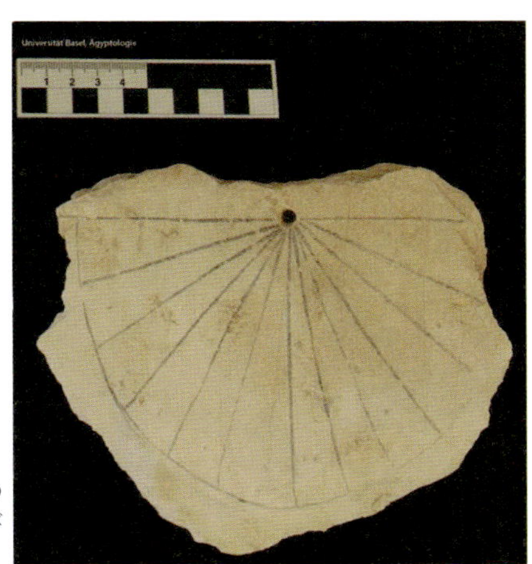

古代エジプトの日時計。上部の穴に棒を垂直に立て、影の伸びる方向で時間を測っていた。

ラスコー壁画。壁画の動物には太陰暦に基づいた月と思われる点が描かれている。

天文学の歴史 2
変遷する宇宙像

古代の人々にとって、「宇宙」とは太陽、地球、その他の惑星を指すということは既に述べました。では、古代の人々は「宇宙」をどのように考えたのでしょうか？　紀元前のギリシャでは、エウドクソス、アリストテレスやヒッパルコスらによって天動説が考えられました。**天動説とは、地球を宇宙の中心に据えて、その周りを太陽や他の惑星が運動しているという考え方です。**2世紀にはプトレマイオスが著書『アルマゲスト』を著し、天動説の考え方を確立し、長く天文学の権威ある書として読まれることになります。その後、天動説は宗教的権威を得たのもあり、16世紀に入るまで広く受け入れられていました。

しかし、徐々に天動説のほころびが出始めました。15世紀には大航海時代が始まり、大規模な航海をするようになりましたが、このときに使われていた天動説に基づいて作成された星表では惑星の位置に誤差がありました。航海において星は重要な目印であり、その位置にズレが生じると航海に大きな支障がでます。また、天動説に基づく観測上の1年と、当時使用されていたユリウス暦に違いがあることも問題となりました。他にも惑星の逆行運動など、天動説で説明するには複雑な問題もありました。

そんな中、ニコラウス・コペルニクス（1473年－1543年）というポーランド人が当時としては異端な、**地球ではなく太陽を宇宙の中心に据えるという「地動説」を提案しました**（コペルニクス以前にも紀元前3世紀にアリスタルコスという人も地動説を唱えていました）。すなわち、太陽が地球の周りを回っているのではなく、地球を始めとするその他の惑星が、太陽を中心に回っていると考えました。常識として考えられている内容が一変することを「コペルニクス的転回」と呼んだりしますが、これはコペルニクスに由来する言葉です。

宇宙観を大転換させるアイデアを提唱したコペルニクスですが、彼の地動説は当時の人たちに相手にされませんでした。しかし、この後に始まる科学革命とも言える出来事の楔を打つことになったのです。

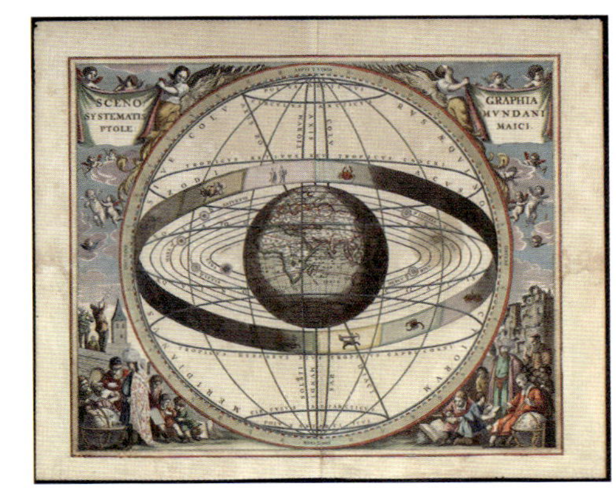

天動説のイメージ。球形の宇宙の中心に地球が存在し、地球の周りを惑星たちが回っている。また、よく見ると蟹や蠍などが描かれているが、これらは星座を表している。

©Loon, J. van(Jojannes), ca. 1611-1686

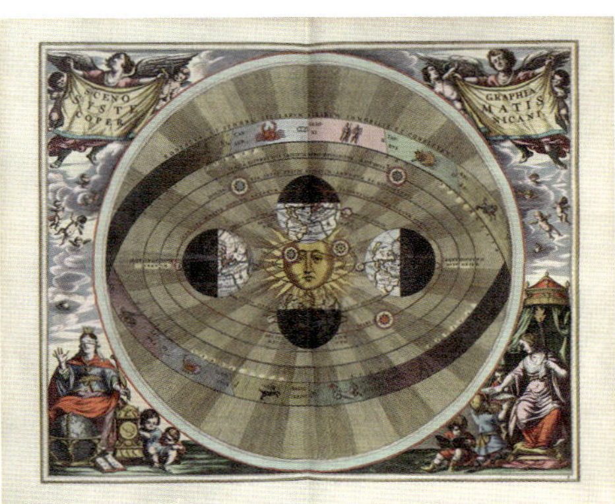

地動説のイメージ。太陽を中心としてその周囲を地球が回っている。ここでもやはり、星座が描かれている。

©Andreas Cellarius, 1660

天文学の歴史 3
宇宙の法則の発見

コペルニクスの死から3年後、ティコ・ブラーエ（1546年－1601年）がデンマークで誕生します。ブラーエは科学革命の基盤を築いた重要な人物で、肉眼で夜空を20年以上観測し、詳細なデータを残しました。1572年に観測した超新星SN1572は「ティコの超新星」と呼ばれ、現在も研究対象です。望遠鏡による観測が普及する以前の時代に活動したブラーエは、肉眼で観測を行った最後の天文学者として知られています。

ブラーエの膨大な観測データを引き継いだのが助手のヨハネス・ケプラー（1571年－1630年）です。ケプラーは強いコペルニクス支持者であり、地動説をより正確に説明するため、ブラーエのデータを基に天体の運動法則を探求しました。**約20年の解析の末、惑星の運動に関する「ケプラーの法則」（詳しくは76p）を発見します。**ケプラーの法則の発見は、天体の運動に背後に潜む法則を発見したこと自体も重要ですが、「データから法則を導いた」ことに意義があります。**「具体的な個別の出来事から一般性、普遍性のある法則を導く」ことを「帰納的」と呼び、現代の科学でも重要なアプローチと考えられています。**帰納的に法則を発見するためには、自然現象と根気強く向き合うことが求められます。

ケプラーの三法則は地動説を強化しましたが、その成り立ちの理由は後にアイザック・ニュートン（1643年－1727年）の万有引力の発見で解明されました。なお、江戸時代の麻田剛立はケプラーの三法則の一つを独自に導き出したとされ、当時の日本の天文学の高い水準を示しています。

ティコ・ブラーエ（1546 年－ 1601 年）

ヨハネス・ケプラー（1571 年－ 1630 年）

ティコ・ブラーエが観測に使った装置。壁面四分儀と呼ばれ、
時間を測りながら対象の星を肉眼で観測する。

天文学の歴史 4
ガリレオの科学的手法

ニュートンを紹介する前にもう一人、近代科学発展に大きな貢献をした人物を紹介したいと思います。それがガリレオ・ガリレイ（1564年―1642年）です。ガリレオ・ガリレイは、イタリアの自然哲学者、天文学者、数学者であり、「近代科学の父」と呼ばれる人物です。彼は、**天文学、物理学、数学など様々な分野で多くの功績を残しました。また、彼は近代科学的な手法を樹立するのに多大な貢献をしました。**

例えば、ピサの斜塔から質量の異なる2つの物体を落とし、その落下時間が等しいことを発見したというのは有名な逸話です（弟子による創作という説もあります）。ガリレオの時代には精密な実験が行えなかったので、彼がどの程度の精度で実験を行ったのかわかりませんが、現代の精密な実験では空気抵抗の存在しないほぼ真空状態では、ボーリングの球と鳥の羽根を落下させると、同時に落下することが確かめられています。ガリレオは他にも自由落下する物体の距離は時間の二乗に比例することや「振り子の等時性」なども発見しています。

天文学においてガリレオの果たした大きな貢献は、天体観測に望遠鏡を導入した点です。ガリレオは自作の望遠鏡を用いて月面を観測し、現在ではクレーターと呼ばれている月の凹凸を発見しました。また木星を周回する衛星も発見しており、これらはガリレオ衛星と呼ばれています。ガリレオは自身の科学的手法と天体の観測によって、地動説を支持していました。しかし、当時は地動説を支持することは異端と考えられており、それ故に宗教裁判にかけられました。裁判の結果、地動説を放棄するように迫られたガリレオが、「それでも地球は動いている」というセリフを言ったというのは、伝記で読んだ方も多いのではないでしょうか（これも創作とも言われています）。宗教的な考え方や、伝統的な哲学的考え方がまだ強い時代において、ガリレオは科学的な考え方を導入した一人であり、彼の考え方は後の科学の発展に対して大きな役割を果たしました。

ガリレオ / ガリレイ

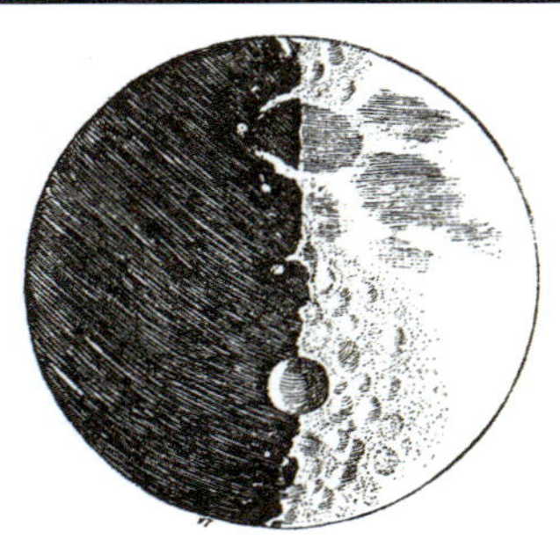

ガリレオによる月のスケッチの一部

天文学の歴史 5
ニュートンの偉大なアイデア

ガリレオが亡くなった翌年にアイザック・ニュートン（1642-1727）がイングランドで誕生します。ニュートンは近代の科学者の中で突出した才能の持ち主の一人で、数学、物理学、天文学で大きな功績を残します。「ケプラーの法則がなぜ、成り立つのか？」という問いにケプラー自身は答えを出さなかったと述べましたが、これに答えを与えたのがニュートンです。「りんごが木から落ちるのを見て、ニュートンは万有引力を発見した」という逸話（作り話と言われている）が有名ですが、ニュートンは「**地球とりんごの間に働く力が、太陽と地球の間にも働くのではないか？**」と考えました。そして、ケプラーの三法則が成り立つためには、太陽と地球、その他の惑星の間に働く力はどのような式の形になっていなければならないか？　と考え、それを数学的に表しました。

ケプラーの法則が成り立つためには、**太陽とその周りを回る惑星の間には、それらの距離の二乗に反比例し、それぞれの物体の質量に比例する力が働いている**と考えました。宇宙にあまねく存在するこの力は現在では「万有引力」の名前で有名です。また、ニュートンはケプラーの三法則から万有引力を導くにあたり、「運動の法則」を導入しました。すなわち、ケプラーの三法則と「運動の法則」を組み合わせることにより、万有引力に行き着いたのです。**ニュートンの偉大なところは、万有引力が太陽と惑星間だけではなく、「あらゆる物体の間に万有引力が働く」と拡張したことです。**宇宙を支配する力が、地球上にいる我々の間にも働いていると考えたのです。

「万有引力の法則」と「運動の法則」によって天体の運動を説明することができ、ついに地動説による天体の運動の考え方が完成しました。また、天体の運動を説明するためにニュートンが考案した運動法則は、「力学」という学問を切り開くことになりました。現在では、力学は物理学のあらゆる分野の基礎となり、物理学は現代科学技術の礎となっています。宇宙について理解する過程の中で生まれた力学が、現代科学技術を支えているという話は興味深いですね。

アイザック・ニュートン（1642-1727）

chapter 1

ニュートンを超えて
アインシュタインの登場

天体の間に働く万有引力（重力）によって天体の運動を統一的に理解することがニュートンによって示されました。これで我々は宇宙について完全に理解できたのでしょうか？　答えはNoです。ニュートンの考えた万有引力は、天体の間に働く万有引力の大きさがどういった式に従うのかを記述しますが、「なぜ、万有引力が存在するのか」に関しては答えを教えてくれません。この問いに対する答えは、ニュートンの時代から約250年待つ必要があります。

20世紀の天才物理学者アルバート・アインシュタイン（1879-1955）の名前を誰しも一度は耳にしたことがあるのではないでしょうか？　舌を出した写真も有名です。しかし、アインシュタインがどのような業績を残したのかはあまりよく知らない方も多いのではないでしょうか？　もしかしたら「相対性理論」という言葉を耳にしたことがあるかもしれません。

相対性理論はアインシュタインが構築した物理学の理論で、「特殊相対性理論」と「一般相対性理論」の2つがあります。これらの理論は、私たちの時間と空間に対する認識を一変させました。例えば、運動している物体に流れる時間が遅れたり、物体が縮んだりするなどがその例です。そして、特に一般相対性理論はニュートンの重力理論を書き換えることになります。その話は次に譲るとして、相対性理論以外のアインシュタインの業績を紹介します。**アインシュタインは相対性理論以外にも、今日の物理学の礎となる理論を築いており、それが20世紀を代表する天才物理学者と言われる所以**です。

例えば、現在、我々が利用しているスマホやPCなどは量子力学と呼ばれるミクロな世界の力学に支配されていますが、アインシュタインは量子力学創設に貢献した物理学者の一人でもあります。実際にその業績によってノーベル物理学賞を受賞しています。また、水中の微粒子を顕微鏡で観測すると、不規則に運動する様子（ブラウン運動）を見ることができますが、この運動は原子や分子によって引き起こされることを示し、原子や分子が実在することを示しました。**驚くべきことに、これらの論文と特殊相対性理論の論文はすべて1905年に発表されました。**わずか1年の間にその後の物理学の礎を築く論文を相次いで発表したのです。そのため、1905年は物理学者の間では「奇跡の年」と呼ばれています。

アルバート・アインシュタイン（1879-1955）

一般相対性理論が明らかにした重力の正体

約250年続いたニュートンの重力理論は、宇宙と地球の運動を統一的に扱う画期的なものでしたが、重力が「なぜ働くのか」を説明するものではありませんでした。一方、アインシュタインの一般相対性理論は、重力が「なぜ働くのか」を解き明かし、その理解を根本から書き換えました。

以下に、一般相対性理論で中心的な役割を果たす「アインシュタイン方程式」を示します。

$$\underbrace{R_{\mu\nu} - \frac{1}{2}g_{\mu\nu}R + \Lambda g_{\mu\nu}}_{\text{時空の歪み}} = \underbrace{\frac{8\pi G}{c^4}T_{\mu\nu}}_{\text{エネルギー}}$$

見るからに難しそうな方程式ですね。この方程式をきちんと理解しようと思うと、大学の物理学科で勉強しないといけませんが、方程式の意味することは意外と理解することができます（この方程式をきちんと理解したいと思った、中学生、高校生の皆さんは大学の物理学科に進学しましょう！）。

方程式は「（左辺）＝（右辺）」の形で、「等しい」ことを示します。アインシュタイン方程式では左辺が「時空の歪み」、右辺が「エネルギー（質量）」を表しています。では、「時空」とは何でしょうか？　私たちは待ち合わせをする際、「午前10時にスカイツリー前」のように「時間」と「場所」を組み合わせて指定します。これが「時空」の基本的な考え方です。物理学では「時間」と「空間」を統一的に扱い、「時空」という4次元の舞台を用いて自然現象を説明します。

次に（右辺）の「エネルギー」ですが、相対性理論では、質量はエネルギーに変換できることが知られています。よく知られた（エネルギー）＝（物質の質量）×（光速）×（光速）という式です。光速は秒速30万kmです。この式を使うと、例えば1gの質量を持つ物体をエネルギーに転換することができたら、90兆ジュールのエネルギーを生み出すことが示せます。これは一般家庭の約7000年分の消費電力に相当します。このように質量を持っていることは、潜在的に莫大なエネルギーを持っていることを意味します。

アインシュタイン方程式は「エネルギーを持つ物質が周囲の時空を歪め、その歪みが重力となる」ことを示しています。つまり、物質が存在するとその周囲の時空が曲がり、その曲がり（時空の歪み）が物体の動きを引き寄せる力、すなわち重力を生み出します。アインシュタインはこれによって、ニュートン理論では説明できなかった「重力の正体」を解明しました。

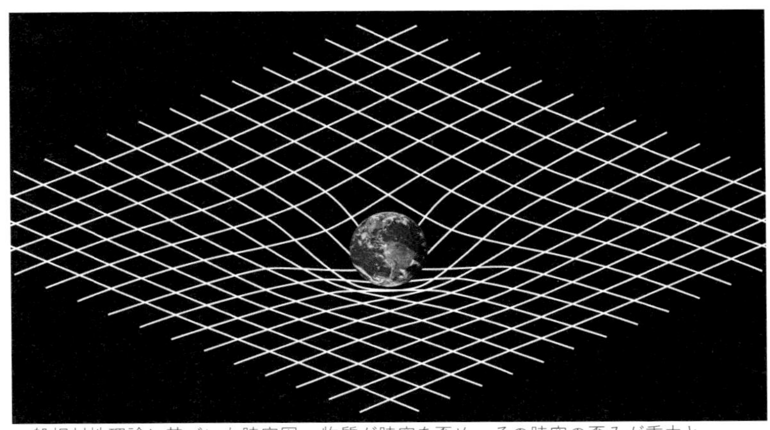

一般相対性理論に基づいた時空図。物質が時空を歪め、その時空の歪みが重力となる。©NASA

chapter 1

一般相対性理論が切り拓いた新しい宇宙観

一般相対性理論によって、重力に関する新たな知見を得ることができました。しかし、話はそれに留まりません。一般相対性理論は、宇宙に関する新たな見方を提供することになります。一般相対性理論では、「物質の周りの時空は歪む」と導かれますが、その物質の密度が極めて大きい場合はどうなるのでしょう？　例えば、太陽質量の数十倍くらいの星は、その最後に超新星爆発を起こして極めて密度の大きい、星の中心コアが残ります。その密度は、スプーン1杯のサイズで1兆kg程度です。そんなに密度が大きいと、その周辺の時空は極端に歪むことが一般相対性理論によって示唆されます。実は、このような極端に歪んだ時空は「ブラックホール」と呼ばれています。ブラックホールという名前を一度は耳にしたことがあるのではないでしょうか？　ブラックホールも一般相対性理論の産物なのです。

また、一般相対性理論は宇宙全体に対する新しい見方も提供します。ニュートン力学による宇宙観では宇宙は「かっちりとした硬い入れ物」でしたが、時空が歪んだりすることからもわかる通り、一般相対性理論の宇宙観では、宇宙は「伸びたり縮んだりする柔軟性のある入れ物」です。この考え方をさらに推し進めると、宇宙は膨張したり収縮したりするということが一般相対性理論からは導かれます。そして、観測によると宇宙は膨張していることがわかりました。これは逆に言うと、時間を遡るほど宇宙は小さかったことを意味しており、宇宙には始まりがあったという結論が得られます。あるいは逆に、これからも宇宙は膨張していくとすると、宇宙の将来はどうなるのか？という疑問も大真面目に議論されています。**アインシュタインの考えた一般相対性理論によって人類のこれまでの宇宙観はがらりと変わり、宇宙の始まりや宇宙の未来について科学的に議論することができるようになったのです。**これらの内容に関しては、後ほどより詳しく取り扱いたいと思います。

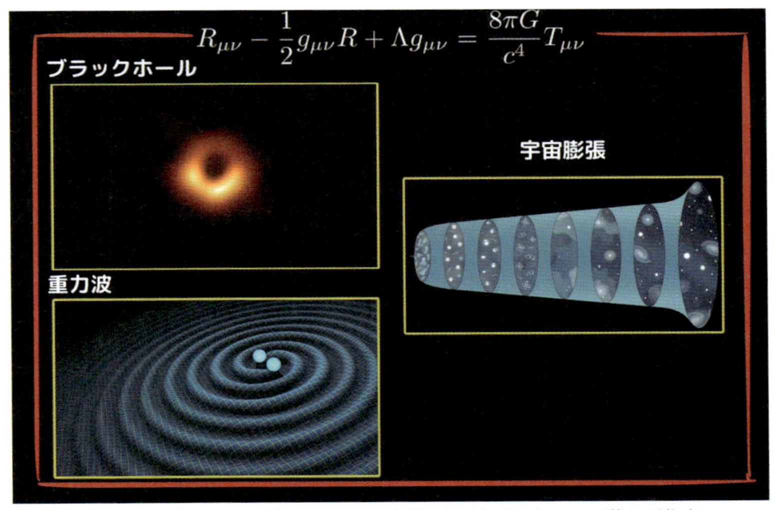

一般相対性理論が明らかにした宇宙の現象。本書ではそれぞれについて後ほど焦点を当てて説明しています
（ブラックホール :©EHT Collaboration、重力波 :©NASA/R. Hurt/Caltech-JPL、宇宙膨張 :©NASA）

column 1

天文学者は星を見る？

一般の方々に「天文学を研究している」という話をすると、「星を見るのが好きなんですね！」と言われることがあります。確かに、天文学者の中には天体観測を趣味とする人もいますが、「天体観測をしたことがない」「星や星座の名前なんて知らない」という天文学者も多く、私もその中の一人です。私自身は、中学生の頃に読んだ相対性理論の本がきっかけで宇宙に興味を持ちました。かの有名な(?)「アインシュタイン方程式」と出会ったことで、私のその後の人生が決まったのです。中学生なので、当然、相対性理論に出てくる数式を理解することはできませんが、数式で宇宙を理解できるということに感動し、「大学で宇宙について勉強したい」と決心したのを今でも鮮明に覚えています。

天文学の経験は大きく「理論」と「観測」に分類されます。観測的な研究は、世界中の望遠鏡の観測データを解析したり、自分で「こういう観測をしたい」というプロポーザル（提案書）を書いて応募したりして、採択される必要があります。一方、理論的な研究は紙と鉛筆で数式を計算したり、パソコンでプログラムを書いて方程式を解いたり、手計算ではできない計算をしなければなりません。場合によっては「富岳」などのスーパーコンピューターを用いて大規模な計算をする必要があります。私自身は理論研究者なので、主にプログラムを書いて計算をすることが多く、自分で観測した経験も大学生の時の観測実習を除いてはありません。

理論的な研究、観測的な研究、どちらの研究を行うにしても宇宙の研究では数学や物理学の知識は必須です。場合によっては化学や生物学の知識が必要になることもあります。自然界は数式という「言語」で記述されているため星をただ眺めるだけでは宇宙について理解するのは難しく、宇宙を理解するためには物理学や数学の知識に基づいて考える必要があります。そのため、もし読者の中で将来宇宙について研究したいと思っている方がいれば、最低限でも数学や物理学の勉強を頑張らなければならない、と思っておきましょう。

chapter 2

宇宙を「観る」方法

宇宙観測の最前線

宇宙を観測する方法 1
可視光

我々は普段様々な物体の様子を視覚的に捉えています。これは物体に当たった光が私たちの目に入り、脳で処理されることで物体を認識できるからです。つまり、私たちが物体を認知するためには、目から入った光が視覚を通じて脳に情報を伝える必要があります。**天文学でも同様に、光を通して星や銀河を観測するというのが宇宙を理解する上で最初の一歩です。**

さて、ここまで「光」という単語を使ってきましたが、「光」について説明が必要です。光とはある波長帯の電磁波のことを指します。私たちの身の回りでは色々な波長の電磁波が使われています。例えば、みなさんが持っているスマートフォンは電波を使って通信していて、病院でレントゲンを撮る場合はX線を使います。また、夏の強い日差しから肌を守るために日焼け止めクリームを塗りますが、これは太陽光に含まれる紫外線から肌を守るためです。このように電磁波は波長によって異なる名称を持っています。我々が「光」と呼ぶ存在は、より正確には「可視光」と呼ばれるものです。可視光は波長が約400ナノメートルから約700ナノメートル（ナノは10のマイナス9乗）の電磁波です。可視光は我々の目に近くできる波長なので、その名前が付けられました。

人類はまず可視光を使って星や銀河の観測を行ってきました。例えば、可視光で見た夜空に見える天の川銀河は右図のようになります。

斜めに傾いたどら焼きのような形が見え、中心部には膨らみがあるのを確認できました。また、数多くの星たちの姿を見ることもできます。一方で、あたかもどら焼きの餡のような暗い部分が斜めに広がっているのも見ることができます。これは、可視光で観測したとき、可視光が天の川銀河の中心に存在している星間塵（ダスト）によって吸収され、光が我々に届かないためこのように見えるのです。

以上のことから、**可視光では観測することができない部分が存在するということがわかります。**私たちが宇宙をより深く理解するためには、可視光による観測だけでは不十分で、他の波長の電磁波も使った方が良さそうだと予想できます。

可視光で見た天の川銀河。中心部には星間塵（ダスト）が存在し、可視光を吸収してしまうため、暗くなっている。©Y.Beletsky(LCO)/ESO [CC BY 4.0]

宇宙を観測する方法 2
赤外線

2020年から世界的に新型コロナウィルスが蔓延しました。それに伴い、色々な場所で体温を測定する機会が増えました。我々は体温計というと口に入れたり、脇に挟んだりして数分間待って体温を測定するものを想像しますが、コロナ禍では多くの人に対応しないといけないので素早い体温測定や、ウィルス拡散を防ぐ観点からも非接触型温度計が力を発揮しました。非接触型温度計ではものの数秒で体温を測定することができますが、なぜ、そのようなことが可能なのでしょうか？　実はその答えは赤外線にあります。可視光線よりも波長の長い、**約700ナノメートルから約1000ナノメートル（1ミリメートル）の電磁波を赤外線と呼びます。**例えば、冬に使うストーブは、赤外線を放射して私たちを暖めてくれます。赤外線を出すのはストーブだけではありません。私たちの体からも体温に対応した赤外線を放射しており、非接触型温度計ではその赤外線のエネルギーを測定することで、体温を測っています。

天文学では、赤外線を用いると可視光では星間塵に隠されて見えなかった場所や、温度の低い星や、星と星の間に広がっている星間物質を観測することができます。例えば、天の川銀河を可視光で観測した場合と赤外線で観測した場合を比較してみましょう。

上の写真が可視光で観測した天の川銀河で、下の写真が赤外線で観測した天の川銀河です。先程説明した通り、可視光で観測した天の川銀河は中心部分が星間塵によって光が吸収されるので暗くなっていますが、赤外線で観測した天の川銀河は逆に中心部分が明るく輝いています。これは、**赤外線で観測すると、可視光では観測することができなかった温度の低い星間塵を観ることができることを表しています。**このように、異なる波長の電磁波を用いると、宇宙の見え方が全く異なることがわかります。

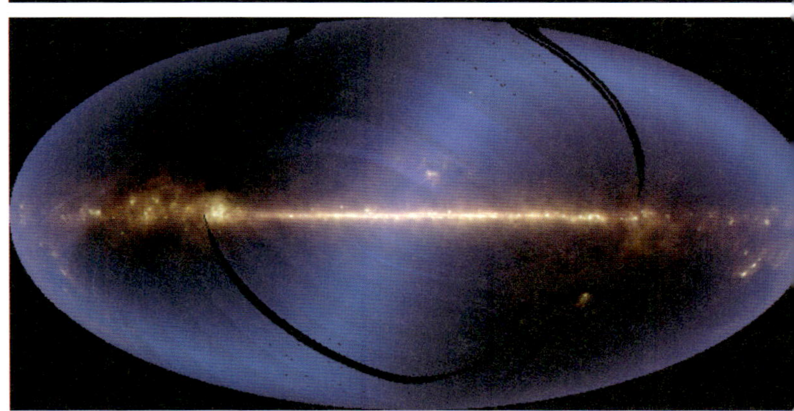

可視光で観測した天の川銀河（上 :© ESO/S. Brunier [CC BY 4.0]）と赤外線で観測した天の川銀河（下 :©NASA/JPL-Caltech）

宇宙を観測する方法 3
電波

私たちの目に見える可視光よりも波長の長い電磁波として赤外線を紹介しましたが、赤外線よりも長い波長の電磁波として電波があります。電波は波長が1ミリメートル以上の電磁波で、長い波長だと数km以上のものまであります。電波は私たちにとって最も身近な電磁波ではないでしょうか？　例えば、私たちが使用しているスマートフォンの通信やラジオ放送には電波が使われていて、身の回りの電化製品でも例えば電子レンジでは電波が使われています。電波は私たちにとって身近な電磁波なだけではなく、天文学でも電波を用いた観測が行われており、**電波を用いた天文学を電波天文学と呼びます。**

数K（ケルビン、0K=-273.15℃）の極低温の分子ガスから数千万度を超える高温のプラズマといった、幅広い温度の物体が電波を放射するので、**電波天文学の対象は星形成の研究から銀河の研究、さらには宇宙の歴史や進化など多岐に渡ります。**例えば、NGC5194という私たちからおよそ2500万光年離れた場所にある銀河を可視光で観測した場合と電波で観測した場合で比較してみましょう。

左側が可視光で観測した写真で、右側が電波で観測した写真です。随分と印象が異なりますね。電波で撮影した写真では、青色は電波の強度が弱く、赤い部分が電波の強度が高いのを示しています。可視光で観測したときに見える銀河の渦巻き構造の領域は電波で見ると温度の低い（電波強度の弱い）ガスが存在しており、銀河の中心では温度の高い（電波強度の強い）ガスが存在している様子を見ることができます。このように、可視光の観測ではわからないガスの温度情報を電波観測で知ることができ、例えば銀河内での星形成の情報などを得ることができます。

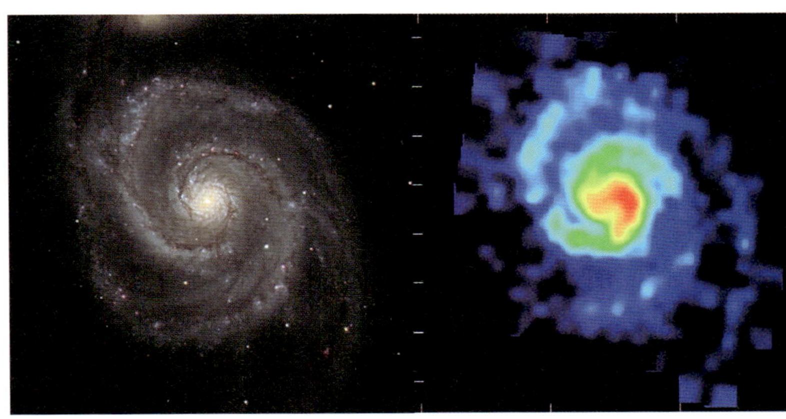

可視光で観測した銀河（左 :© Jon and Bryan Rolfe/Adam Block/NOAO/AURA/NSF）と同じ電波で観測した銀河（右 : ⓒ国立天文台）

宇宙を観測する方法 4
X線・ガンマ線

ここまで可視光よりも波長の長い電磁波について見てきましたが、今度は逆に可視光よりも波長の短い電磁波について見ていきます。可視光よりも波長の短い電磁波には、例えばX線やガンマ線があります。X線は身近ではレントゲンやCTスキャンに用いられていて、ガンマ線はガンマナイフというがん治療用の機器に用いられています。ところで、なぜがん治療にガンマ線が使われるのでしょう？　実は電磁波は波長が短いほど高いエネルギーを持っており、ガンマ線は特に波長の短い電磁波で高いエネルギーを持っています。その高いエネルギーを利用してがん細胞を破壊するのです。また、X線も同様に高いエネルギーを持っているため、レントゲンやCTスキャンでは人体への影響が無いレベルで被ばくします。

このように**高エネルギーなX線やガンマ線は、宇宙の高エネルギー現象を観測するのに適しています。**例えば、ブラックホールの周囲では、ブラックホールの強い重力によってガスが引き寄せられ、それらのガスはガス同士の摩擦によって高温になります。高温になったガスはX線を放射するため、私たちはX線を用いるとブラックホール周辺の高温になったガスの様子を観測することができます。私たちの銀河系を含め、多くの銀河の中心には超大質量ブラックホールの存在することがわかっていて、例えばM87銀河中心の周りを取り囲む高温ガスの様子をChandra衛星によってX線で観測したのが次の写真です。オレンジ色に明るくなっている部分がX線で観測したブラックホールを取り囲む高温のガスです。

宇宙でガンマ線を使って観測する例としては、「ガンマ線バースト」と呼ばれる天体現象があります。ガンマ線バーストは数秒ほどの短い時間の間に、突発的に莫大な量のガンマ線を放射する現象であり、その起源やガンマ線放射のメカニズムに関しては今でも活発に議論が続いています。

X線で観測したM87銀河中心周辺。銀河の中心には超大質量ブラックホールが存在し、オレンジ色で明るくなっているのがブラックホールを取り囲む高温ガスだとわかる。©NASA/CXC/Villanova University/J. Neilsen

幽霊粒子!?　ニュートリノ

ここまで、電磁波を用いた宇宙の観測について紹介してきましたが、実は電磁波以外を用いた宇宙の観測技術も発展しています。「ニュートリノ」という単語を聞いたことがある方もいらっしゃるかもしれません。小柴昌俊先生が超新星爆発の際に放出されるニュートリノをカミオカンデで検出した業績で2002年にノーベル物理学賞を受賞したことで、一時期メディアで取り上げられていた単語です。

物質は陽子や中性子、電子で構成されており、陽子や中性子はさらに細かい構造であるクォークから成り立っていると考えられています。クォークのような物質を構成する最小の要素のことを素粒子と言いますが、ニュートリノも素粒子の一つです。**ニュートリノは電荷を持たず、ほとんど質量も持たず、他の物質と反応しにくいため、なんでもすり抜けてしまいます。そのため、捕まえることが難しく、「幽霊粒子」とも言われています。**しかし、何でもすり抜けるとは言っても、他の物質と多少は反応することもあります。小柴先生は岐阜県の神岡に設置されたニュートリノ検出装置カミオカンデ（現在はスーパーカミオカンデが運用中）を用いて、ニュートリノが他の物質と反応したときに出る特殊な光を検出することでニュートリノの姿を捉えました。幽霊粒子であるニュートリノを工夫して捕まえたことで小柴先生にノーベル物理学賞が与えられたのです。

ニュートリノは宇宙に大量に存在しますが、星の内部でも作られます。私たちの身近の星である太陽の中でもニュートリノは作られます。我々が電磁波を使って太陽やその他の星を観測するとき、星の表面は観測することができますが、星の内部までは観測することができません。しかし、ニュートリノを用いると、電磁波では観測することのできない星の内部まで観測することができます。これは、ニュートリノが幽霊粒子であることと関係しています。なんでもすり抜けるニュートリノは、星の内部で作られた後、星の表面まですり抜けて、電磁波では得られない情報を私たちに届けます。また、星の最期に起きる超新星爆発の際にもニュートリノが放出されるので、ニュートリノを使うことで星の最期に何が起こるのかを知ることができます。このように、天文学者は電磁波だけではなく、ニュートリノのような素粒子を用いて宇宙の観測を行うのです。

ニュートリノの種類　© ひっぐすたん

重力波

発見までに100年かかったアインシュタインの宿題

電磁波以外にも、ニュートリノを用いて宇宙を探る方法について紹介しました。ニュートリノ以外に宇宙を探る手法として、「重力波」があります。重力波はアインシュタインの一般相対性理論によって1916年に予言されました。**重力波は時空に生じる波です。**時空に生じる波と聞いてもピンと来ないかもしれません。例えば、池に石を投げ入れると波が広がっていきますよね？　時空にも池に生じる波面のような波が生じます。ただし、池に石を投げ入れるのと違って、ブラックホールや中性子星のような密度の大きい天体が運動することによって重力波は生じます。重力波は、理論的には1916年に予言されていましたが、実際に観測されるまでにはおよそ100年を費やし、2016年2月に人類はついに重力波を初検出したことが発表されました。

なぜ、初検出までに約100年を費やしたのでしょうか？　答えは、「重力波のシグナルは極端に弱いから」です。重力波は時空を伝わる波で、重力波が通過すると空間が伸び縮みして空間の長さが変化します。この変化の大きさは、**地球と太陽の距離約1億5000万kmが水素1個分程度の長さ(約10^{-10}m)変化する程度です。**途方もなく小さい変化ですよね。重力波の検出のためには、このわずかな変化を捉えることのできる精度の技術が要求されます。

私が大学生だった2011年には、「重力波は今世紀中には検出できないかもしれない」と言う声を聞いたこともあります。しかし、蓋を開けてみるとそれから5年後には重力波の初検出が行われ、天文学コミュニティーが大いに湧いたのを覚えています。その後、これまで重力波が検出できなかったのが嘘のように、現在では多くの重力波が検出され天文学は新たな時代に突入しました。特にブラックホールや中性子星の研究に対して大きなインパクトを与え、重力波天文学は現在進行系で研究が発展しています。重力波観測によって発展した研究は後ほど紹介します。

ブラックホール同士が合体するときに放射される重力波のイメージ。実際の波面の高さは 10^{-10} m と、とてつもなく小さい。　©R. Hurt/Caltech-JPL

天体の明るさ

天文学の観測では主に電磁波を用いて観測します。**電磁波を用いた観測でまず得られる情報は、天体の明るさです。**観測した天体は明るい/暗いのか？　これらを議論するためには、まずは天体の明るさについて理解する必要があります。天体の明るさでよく耳にするのは「**等級**」です。「あの星は1等星だ」のような言葉を耳にしたことがあるのではないでしょうか？等級について詳しく説明しようとすると数式を使わないといけないのですが、等級が1等級小さくなると、明るさは約2.5倍になり、等級が5等級小さくなると、明るさが100倍になります。等級は数字が小さいほど明るくなります。具体的には、1等星は6等星よりも100倍明るいというわけです。ちなみに、等級の原点にはこと座のベガが用いられており、ベガを0等星とした基準を「ベガ等級」と呼びます。

ところで、1等星や0等星と聞くと、数字が小さいのでものすごく明るい印象を受けますが、我々にとって最も明るく輝いている天体の太陽はマイナス26.7等星であり、文字通り桁違いに明るいことがわかります。また、夜空で一際明るい月ですが、その明るさはマイナス12.7等星です。月以外にも夜空を見上げると明るく輝く星がたくさん存在しますが、その中でもとりわけ有名な北極星は2等星です。逆に、暗い星の場合はどうでしょうか？　私たちが肉眼で見ることのできる明るさの限界はだいたい6等星と言われています。ちなみに、6等星までの星の明るさを分類すると、1等星約21個、2等星約50個、3等星約130 ～ 170個、4等星約300 ～ 500個、5等星約1000

〜1500個、6等星約4000〜5000個となっています。6等星よりも暗い星の数はさらにたくさん存在しています。皆さんも夜空を見上げて、肉眼で見える星がいくつあるか数えてみると面白いかもしれません。

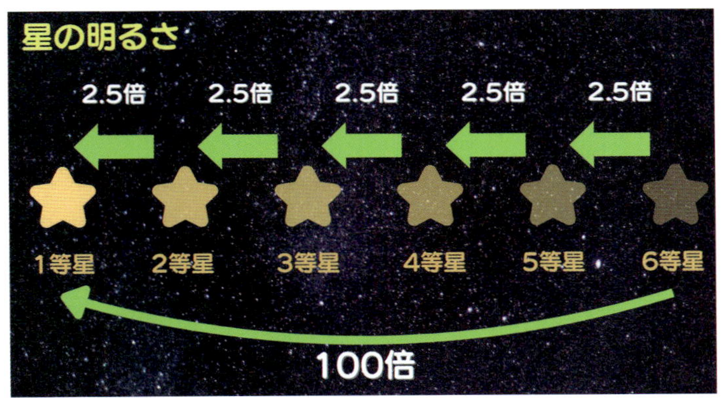

天体の明るさの比較。5等級変わると100倍明るさが変わるため、正式には1等級変わると$100^{\frac{1}{5}} \simeq 2.5118864\cdots$倍変わる。

天体までの距離を測る単位
パーセク

天文学の観測ではまず天体の明るさが大事であることを紹介しましたが、他に大事な観測量は何でしょうか？　私たちが夜空を見上げたとき、明るい星、暗い星など無数の星が輝いていますが、それらの星はどこにあるのか気になりませんか？　近くにある星もあれば、遠くにある星もあるはずで、**天文学の観測で重要な観測量として「星までの距離」が挙げられます。**

日常生活で距離や長さを表すとき、私たちはセンチメートル(cm)、メートル(m)、キロメートル(km)を使いますが、宇宙ではどうでしょう？　例えば、地球と太陽の距離は約1億5000万kmで、「km」を使って表すことができますが、それよりもっと遠くの距離を表すときは「km」ではなく、「光の速さで何年かかるのか？」を基準にして「光年」を使います。光は1秒間に約30万km（地球を7周半回る距離）の速さで進みます。1年間で約9.5兆キロメートル進むことができます。途方もなく長い距離ですね。ちなみに、太陽から一番近い星は「アルファ・ケンタウリ」で、地球から約4光年の位置にあります。ここまでの話を聞いていると、「宇宙での距離の指標には光年を使えば良い」と思うかもしれませんが、宇宙では「光年」と同じくらい、あるいはそれ以上に使われている距離の指標があります。それが「**パーセク（parsec, pc）**」です。

片方の手をまっすぐ前に伸ばして、人差し指だけを立ててください。そしてそれを、右目を閉じて左目だけで見てください。次は逆に左目を閉じて、右目だけで見てください。指の見え方が異なりますよね？　同じ方法を宇宙でも用いて「パーセク」を定義します。地球は1年をかけて太陽の周りを1周しますが、例えば、春にある星を観測したときと、半年後の秋に同じ星を観測したとき、その星の見える場所は当然異なって見えます。このように季節によって星の見え方が異なるとき、その見える位置（角度）の違いを「年周視差」といいます。年周視差は、測りたい星までの距離によって大きさが異なります。遠くにある星ほど年周視差は小さくなり、近くの星ほど年周視差は大きくなります。そして、年周視差が1秒角（1°の3600分の1）になるような場所に星があるとき、その星までの距離を1パーセクと定義します。1パーセクは約3.26光年です。**天文学では遠くの星や銀河を議論するときは光年よりもパーセクがよく用いられる、と覚えておきましょう。**

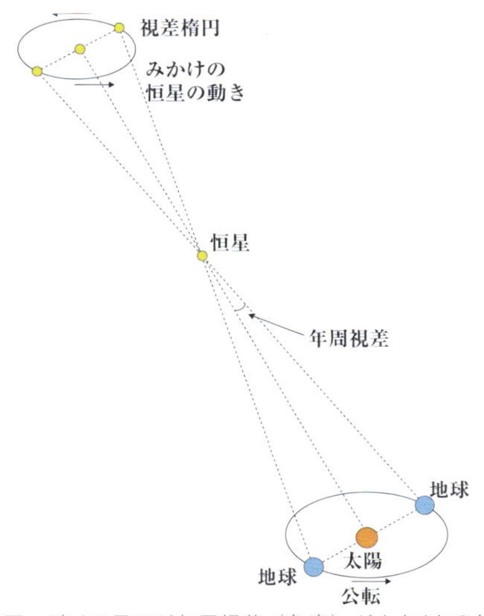

年周視差の説明図。遠くの星ほど年周視差（角度）が小さくなるため、遠くの星を調べるには小さい角度を調べることのできる観測が求められる。
出典をトレース :© 国立天文台暦計算室

星本来の明るさを決める
絶対等級

肉眼で見える明るさを表す値として「等級」を紹介しましたが、正確には「見かけの明るさの等級」でした。「見かけの明るさ」とは、私たちが地球から観測したときに見える星の明るさのことです。しかし、ここでちょっと考えてほしいですが、例え明るい星でも我々から遠くに存在している場合は暗く見え、逆に暗い星でも我々のすぐ近くに存在するなら明るく見えるはずです。つまり、「見かけの明るさ」は「星本来の明るさ」では無いのです。例えば、地球で観測するとシリウスの明るさはベテルギウスよりも少し明るいですが、実際にはシリウスとベテルギウス、星本来の明るさはどちらの星が明るいのでしょうか？　この星本来の明るさを考える目安として、天文学者は「絶対等級」を用います。

絶対等級は、「天体を10pcの距離に置いたと仮定したときの見かけの明るさ」として定義されます。すべての天体が10pcの位置にあると仮定するので、同じ基準で星の明るさを比較することができるのです。また、**ある星の絶対等級を計算するためには、その星までの距離を知る必要があります。**絶対等級の定義上、実際には100pcの位置にある星を10pcの位置にあると仮定したり、実際には1pcの位置にある星を10pcの位置にあると仮定したりする必要がありますが、そもそも星がどの距離にあるのかわからないと10pcの位置に星を持ってくることができません。例えば、シリウスまでの距離は2.6pcで、ベテルギウスまでの距離は168pcなので、この距離の違いを踏まえた上で2つの星の絶対等級を求めると、ベテルギウス本来の明るさは、シリウス本来の明るさより100倍近く明るいという結果が得られます。これは見かけの明るさの場合と反対の結果ですね。

このように、星本来の明るさを決めるためには絶対等級を用いますが、ここで1つ重要なことを強調しておきます。ある星の絶対等級を決めるためには、その星までの距離を知る必要があると書きましたが、**実は宇宙における距離測定は非常に難しいです。**先程、年周視差を用いた距離測定方法を紹介しましたが、年周視差法で測定できる距離は比較的近傍に限られているので、より遠い星の距離測定には別の方法が必要になりますが、それについては後ほど紹介します。

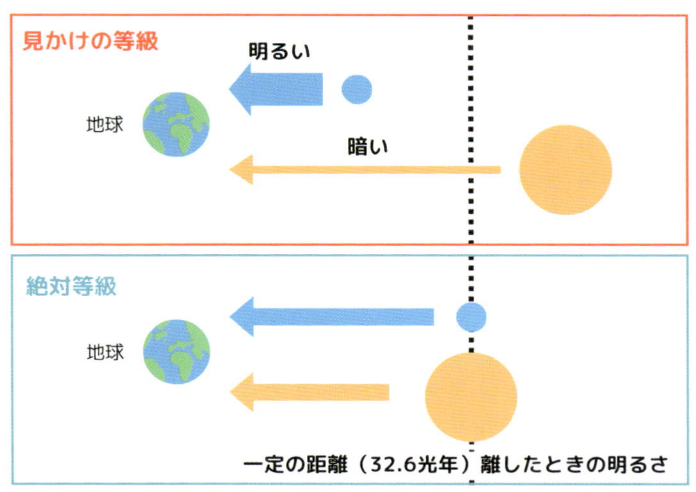

見かけの等級と絶対等級の違い。太陽の見かけの等級は -26.74 ですが、絶対等級は 4.8 にすぎなく、距離によっていかに明るさが変わることがわかります。

星の温度を測る

太陽の表面温度が約5800K（約5500℃）という情報を知っている方もいらっしゃるかもしれません。でも、ここで疑問に思ってほしいのは、「**どうやって太陽表面の温度を測ったのか？**」ということです。さすがに温度計を持って太陽まで行くわけにはいきませんよね。それに5000℃以上の温度を測定できる温度計が存在するのかも謎です。

温度とは何でしょうか？　この問いは熱力学的には深淵なものですが、ここでは、物体を構成する粒子が激しく熱運動することによって生じるエネルギー（熱エネルギー）で決まる量と考えましょう。粒子が激しく運動しているとそれだけ激しくぶつかるので、エネルギーが高いというのは何となく想像できるのではないでしょうか？　すなわち粒子が激しく運動するほど温度が高くなり、熱エネルギーも大きくなります。そして、この熱エネルギーが電磁波として放射されます。

ここまでの話を聞いて、勘の良い人ならピンと来たかもしれません。宇宙の観測は主に電磁波によって行われるという話を述べました。そして、熱エネルギーも電磁波として観測される。つまり、電磁波による観測を通して熱エネルギーの情報を得ることができます。また、熱エネルギーは温度と結びついていると上で述べました。つまり、**天体の温度を測るのにも電磁波を用いればよいということがわかります。**

天文学では「黒体放射」という考え方が頻繁に出てきます。「黒体」とは、「あらゆる波長の電磁波を吸収・放射することのできる仮想的な物体」であり、その黒体からの放射が黒体放射です。「放射する電磁波の波長」と「黒体の温度」が決まれば、黒体放射の強さは決まります。逆に言うと、**ある波長の電磁波で黒体放射の強さを測定することができれば、黒体の温度を決めることができます。**黒体は仮想的な物体ではありますが、星の表面からの放射は、黒体に近いことがわかっています。上の文章の繰り返しになりますが、ある波長の電磁波で星の表面からの放射（黒体放射に近い）の強さを調べてやると温度を決めることができます。このような方法を用いることで私たちは星の温度を測定することができるのです。

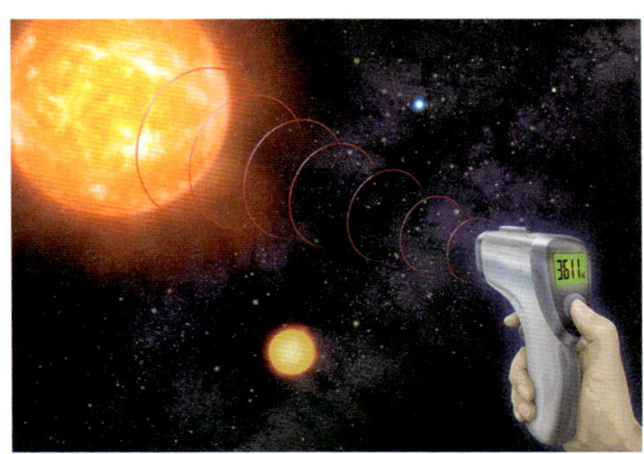

星の温度をどうやって測定する？　近づくことができないため、遠くから測る何かしらの方法が必要だと考えられる。
©2021 東京大学大学院理学系研究科
designed by 木下信一郎

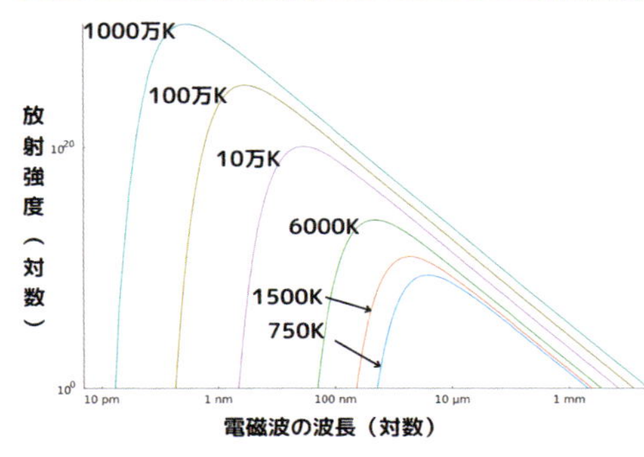

黒体放射の放射強度のグラフ。温度が決まればグラフの形が決まり、波長ごとに放射強度が異なる。

原子の「指紋」
光のスペクトル

太陽の約90％は水素で構成されており、続いてヘリウムが約10％含まれています。つまり、太陽はほとんど水素とヘリウムで構成されているのですが、わずかに窒素や炭素、酸素も含まれていることが知られています。ところで、太陽、あるいは他の星にどのような元素が含まれているのかは、どうやって調べれば良いのでしょうか？　実は、これら元素の「指紋」を調べることで、どういう元素が含まれているのか知ることができます。

「量子力学」というミクロな世界を取り扱う物理学の理論によると、すべての元素は特定の波長の電磁波を放射あるいは吸収をすることがわかっています。このような特定の波長で放射・吸収された電磁波のことを「**線スペクトル**」といいます。異なる元素では基本的に異なる波長で放射や吸収が起きます。また、同じ元素でも複数の波長で放射・吸収が起きます。スペクトルの一番わかりやすい例がプリズムに入射した光です。プリズムに入射した光は、波長ごとにわかれて虹色に見えます。これもスペクトルです。

さて、星からやってくる電磁波を波長ごとに調べると、特定の波長で電磁波がとりわけ強くなっていたり、逆に特定の波長で電磁波が吸収されていたりする様子を見ることができます。前者は「**輝線スペクトル**」と呼ばれ、後者は「**吸収線スペクトル**」と呼ばれます。輝線スペクトルや吸収線スペクトルは、星に含まれる元素によって作られます。

以上のことから、輝線や吸収線がどの波長で現れているのかを調べることで、私たちは星に含まれる元素の種類を推測することができます。スペクトルは原子の指紋であり、科学捜査で指紋から「犯人」を特定するように、天文学者は「指紋」から星に含まれる元素を割り出すのです。

プリズムを通った光は波長ごとにわかれて虹色に見える

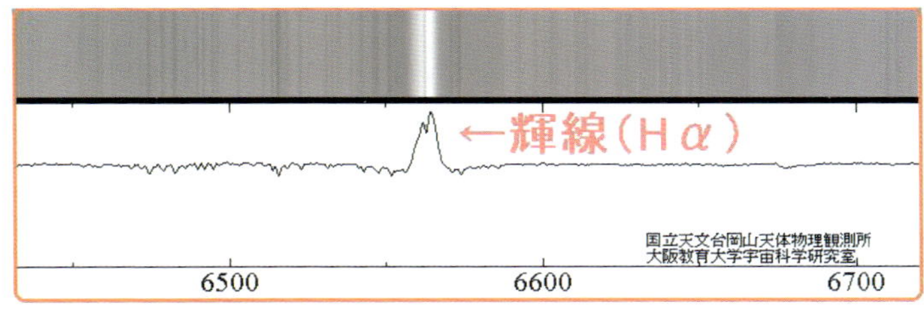

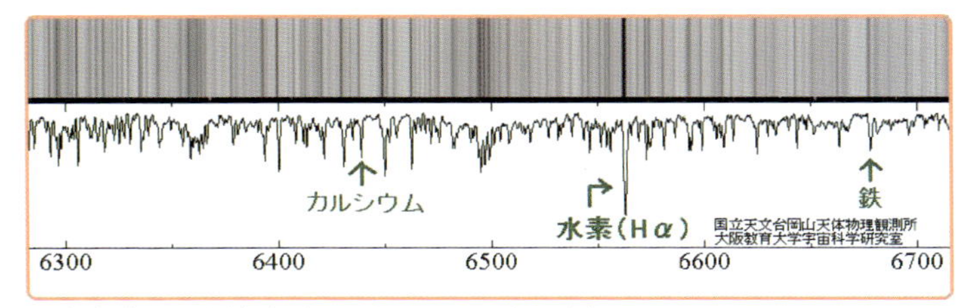

輝線（上）と吸収線（下）のグラフ　© 国立天文台

column 2

研究者とは？①博士号取得まで

昔は優秀な子供に対して「将来は博士か大臣か？」と言うこともあったそうです。「研究者＝博士」というイメージを持つ人も多いかと思いますが、「研究者」とはどういう存在なのかは意外と世間に知られていないかもしれませんので、ここでは研究者について紹介しようと思います。まず、「研究者とは何か？」ですが、これは文字通り「研究する人」を指します。私の場合は大学で研究しているので「大学研究者」です。しかし、研究者は大学だけではなく企業にもいます。私たちの生活を豊かにするための商品開発などは企業に所属する「企業研究者」によって行われます。

大学の研究者、特に理系の研究者の場合は「博士号」を持っている場合が多いです。大学にまずは4年間通った後、大学院に進学し、通常は「修士課程2年＋博士課程3年」を修了した人に博士号が授与されます。修士課程の2年を終えて「修士号」を取得した後、企業に就職する人も多いです。博士課程では、研究の世界でオリジナルの業績を産み出すことが要求されます。例えば、学術論文で自分の成果を発表するなどです。博士課程修了のために博士論文を執筆し博士論文公聴会での審査を経た後、大学から博士号に値する業績として認められれば博士号を授与されます。ちなみに、日本では博士号取得者の人口の割合はわずか0.4％程度であり、日本人の240人に1人が博士号を持っている計算です。個人的には博士課程の学生だった頃は辛いことの連続でした。新しい知識を生み出すことは一長一短にできることではなく、過去の研究論文を調べ、まだ解かれていない課題を見つけ出し、それに対して自分のアイデアを用いて課題解決に取り組むわけですので試行錯誤の連続です。そのため、アイデアがうまくいかずに失敗することもあります。というか、うまくいかないことの方が多いです。また、得られた結果が妥当なのか徹底的に考える必要もあるため、博士課程の学生時代はもがき続けました。そんな格闘の末に博士号を取得できたときは、とても嬉しかったです。

chapter 3

太陽と太陽系

私たちの身近な太陽

私たち人類のみならず、地球全体が太陽からのエネルギーを受け取って活動しており、太陽は地球上の活動にとって必要不可欠です。では、太陽が生み出すエネルギーはどの程度のものでしょうか？　太陽が1秒間に生み出しているエネルギーは約10^{26}J（ジュール:エネルギーの単位）です。つまり、10を26回かけた莫大な値のエネルギーを生み出しています。このような莫大なエネルギーをどのようにして生み出すかについては1920年代から1930年代にかけて議論が行われました。太陽のエネルギーを生み出すメカニズムについては後ほど詳しく説明するので読者の皆さんも予想してみてください。

ところで、太陽が1秒間に10^{26}Jのエネルギーを生み出していると言われてもピンと来ないかもしれません。身近な例を挙げると、全世界が1年間で消費しているエネルギーは約10^{20}Jであると言われています。**太陽が1秒間で生み出すエネルギー量は、全世界が1年間で使用するエネルギーよりも6桁、約100万倍も大きいです。**つまり、太陽は1秒間で世界が消費するエネルギーの100万年分を生み出しているというわけです！　いかに太陽が莫大なエネルギーを生み出しているのか想像できるのではないでしょうか？

他の太陽の印象としては、「大きい」というのがあるのではないでしょうか？　質量に注目してみると、太陽の質量は2×10^{30}kgで、地球の質量は6×10^{24}kgです。つまり、太陽の質量は地球の質量の約100万倍です。質量が100万倍違うというのは、約1トンの車と約1gの1円玉の間の重さの違いくらいです。**太陽と地球の間には車と1円玉くらいの質量の差があるのです。**半径に注目すると、太陽の半径は約70万kmであるのに対して、地球の半径はその約100分の1である約6300kmです。このように、地球と比較すると太陽が質量、サイズともにいかに大きいのかを感じることができると思います。

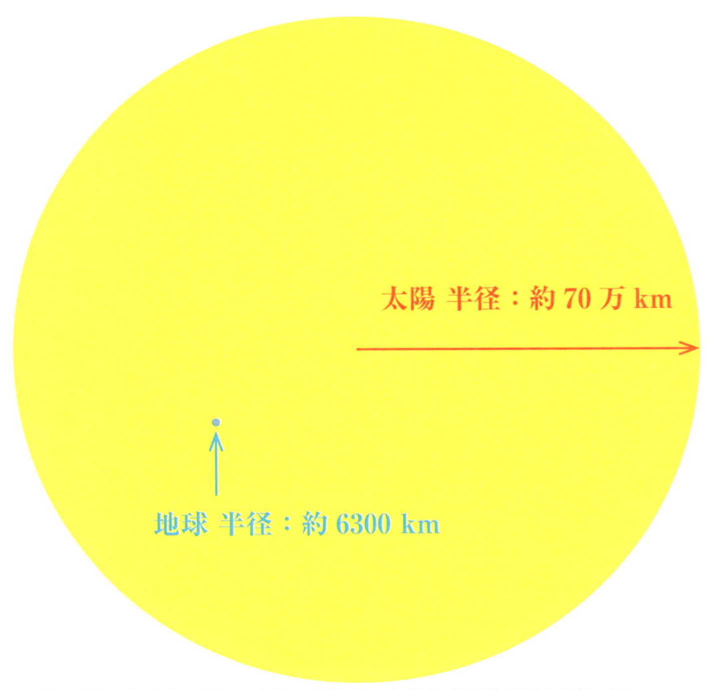

太陽と地球の大きさの比較。太陽の直径は、大体地球 100 個分に匹敵する。

太陽の温度は何度?

太陽の生み出しているエネルギー量は莫大ということは、つまりそれだけ太陽の温度も高いだろうと予測できると思います。太陽は明らかに「熱そう」ですよね? では、太陽の温度はどれくらいなのでしょうか?

まず、太陽の温度は中心からどれだけ離れているかで温度が変わってきます。太陽内部に行けば行くほど熱くなっていき、逆に太陽表面では温度が低いです。温度が低いと言っても太陽表面の温度は約6000Kですので、私たちの日常的な感覚からすると十分に熱いですが…。太陽表面の上空の彩層と呼ばれる大気では約1万K、さらにその上空のコロナという場所では約100万Kとなっています。ここで、「おや?」と思った方もいるかもしれません。**太陽表面あるいは大気での温度は約1万Kなのに、太陽表面からより離れたコロナでは約100万Kと、太陽表面よりも温度が高くなっています。**普通、熱い場所から離れると温度が低くなるはずなのに、これはおかしな話です。これは**太陽コロナ問題**と言われており、後ほど詳しく紹介します。

太陽の温度に話を戻します。太陽の縁から舞い上がっているプロミネンスの温度は約1万Kとなっています。太陽表面ではフレアと呼ばれる突発的な爆発現象が起きますが、フレアの温度は約2000万Kです。

ここまで太陽表面とその周辺の温度を見てきましたが、太陽内部に目を向けてみましょう。太陽の中心部分では約1600万Kとなっており、太陽表面の温度よりも3桁以上高温です。太陽の中心のコア部分でなぜ、これほど高温かというと、まさに**コア部分で太陽のエネルギーが核融合反応によって作られている**からです。太陽内部の核融合反応については、後ほど見ていきます。

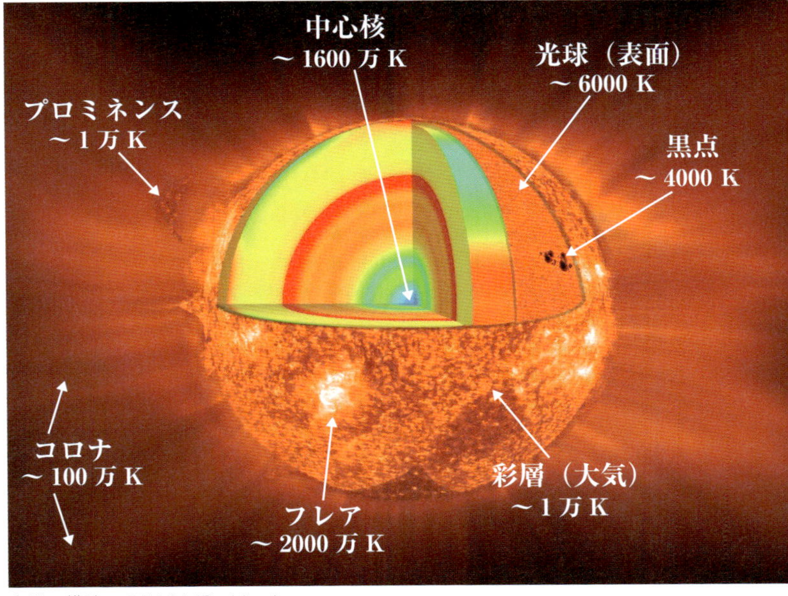

太陽の構造　©NASA/Goddard

太陽のホクロ?
黒点と太陽磁場

太陽の表面を見てみると(太陽を直接見ないでください!)、ホクロのような黒い点の存在を確認することができます。この黒い点は見た目そのままの名称で「黒点」と呼ばれています。太陽の表面温度は約6000Kと紹介しましたが、黒点の温度は約4000Kで、周辺と比べると温度が低くなっています。写真で黒点を見ると小さく感じるかもしれませんが、そのサイズは数万kmにも及ぶため、地球よりも大きいサイズとなっています!

太陽黒点は太陽で作られる磁場(太陽磁場)が太陽表面に顔を出してきたものだと考えられています。そのため、黒点には強い磁場が存在しています。その大きさは約3000G(ガウス)あるいは、0.3T(テスラ)程度です。ここで、「ガウス」や「テスラ」は磁場の大きさの単位で、それぞれ「カール・フリードヒ・ガウス」と「ニコラ・テスラ」にちなんでいます。

3000Gや0.3Tと言われてもピンと来ませんよね。みなさん、方位磁針(コンパス)を一度は見たことがあると思います。方位磁針は地球の持っている磁場に反応して南北を指し示す性質があります。このように地球も磁場を持っていますが、地球の磁場の大きさは太陽の磁場の大きさの数万分の1程度しかありません。こう聞くと太陽磁場の大きさは物凄く大きいように聞こえますよね? では、もう一つ別の例を挙げてみましょう。大きな病院に行くと、強い磁石と電波によって身体の内部を画像化して検査するためのMRI装置が設置されていますが、MRI装置で発生する磁場の強さはおよそ10000G程度です。これは太陽黒点の磁場の大きさよりも大きいため、MRI装置で発生する磁場と比較すると太陽磁場の大きさはそこまで大きくないと感じるかもしれません。みなさんは太陽磁場の大きさに対してどのような感想を持ったでしょうか？

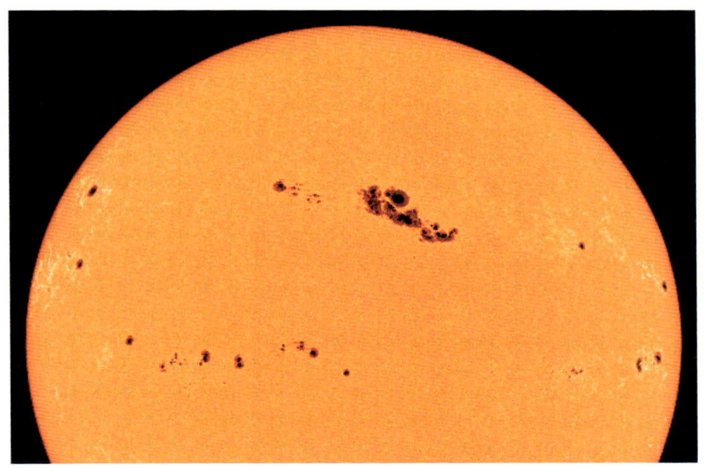

太陽表面の黒点　©SOHO/ESA/NASA

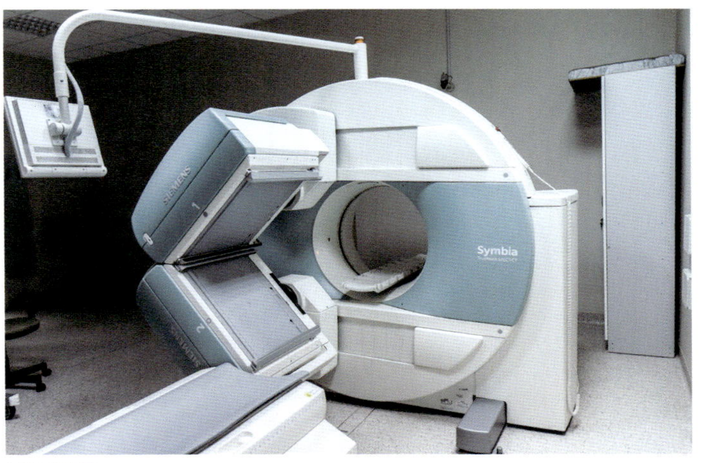

MRI の写真

明日の宇宙の天気は?
宇宙天気予報

太陽表面に見られる黒点を紹介しましたが、**太陽黒点の特徴として、その数が約11年周期で増減を繰り返すというのがあります。**なぜ約11年周期で黒点の数が変動するかはまだ完全には謎が解明されておらず、太陽物理学の大きな謎とされています。約11年周期は絶対的なものではなく、1645年から1715年にかけて約70年間、黒点の数が異常に少なかったマウンダー極小期という時期もありました。極小期には寒い時期が続いたので、ロンドンのテムズ川が凍ったという記録もあります。このように太陽表面での活動が地球での気候変動に影響を与えるのでは？　と考えられています。もちろん、太陽活動とは関係なく、地球自身による気候変動の可能性も考えられるので、太陽表面の活動と地球での気候変動が関係しているのかは注意深く調べないといけません。

地球に影響を与える太陽活動は黒点だけではありません。太陽大気の一部が突然輝き出し、莫大なエネルギーを解放した後、また元の明るさに戻る太陽表面でのフレア現象も地球に影響を与えます。**フレア現象の際には、全世界で1年間に消費される電力エネルギーの約1000倍程度のエネルギーが放出されます。**このとき、太陽からはコロナ質量放出と呼ばれる大量のプラズマが惑星間空間に放出され、地球の電波通信を妨害することがわかっています。また、太陽からは他にも日常的に太陽風と呼ばれる粒子が放出されており、地磁気と反応してオーロラを作ります。

このように、太陽活動は地球上の活動に影響を与えます。現在の文明社会はGPSやインターネットに支えられており、太陽活動はこれらの機器に影響を与えるので太陽の様子を観測するのは重要です。特に、太陽表面でいつどの程度の規模のフレアが発生するかを予測する取り組みは「宇宙天気予報」と呼ばれており、日本では情報通信研究機構が様々な太陽に関連した情報を提供しています。

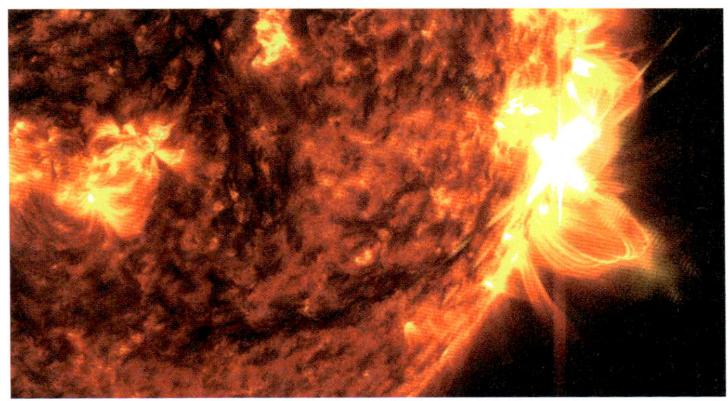

太陽フレアのイメージ図　©NASA/SDO

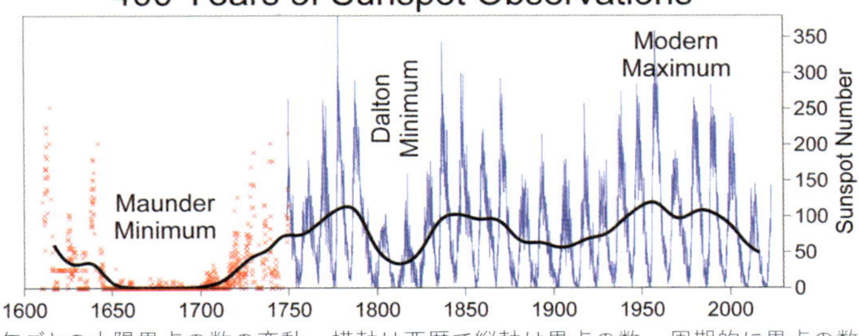

年ごとの太陽黒点の数の変動。横軸は西暦で縦軸は黒点の数。周期的に黒点の数が変動しているのがわかる。©Robert A. Rohde [CC BY-SA 3.0]

離れているのに熱い!?
太陽コロナ問題

冬の寒い室内でストーブの近くで暖まる。よくある冬の日常の一コマです。ストーブから離れすぎると熱が届かず寒いので、なるべく近くによってきて暖を取りたいですよね。これが太陽の周辺だと話が少し異なってきます。

太陽表面の大気では温度は約1万Kである一方で、太陽表面からより遠ざかった太陽大気最外層部分であるコロナでは温度が約100万Kに達しており、なんと太陽表面付近大気の100倍も高くなっています。これは先程のストーブの話で例えると不思議な現象であることがわかります。

例えば普通のストーブを考えてみます。ストーブの温度が100度だとしましょう。ストーブから少し離れた場所では部屋が暖まり室温が20度になっています。しかし、太陽コロナでは話が異なります。ストーブの例で例えると、100度の温度を持つストーブから離れた場所で室温が1万度になるのです！ストーブから離れているのにストーブよりも温度が高くなるなんて不思議ですよね。

太陽表面よりも、太陽から離れた太陽大気最外層部分のコロナの方の温度が高くなるこの不思議な現象は「**太陽コロナ加熱問題**」と呼ばれています。太陽コロナ加熱問題は未だに完全にその謎が解明されておらず、太陽の性質に関する大きな問題の1つです。現在、太陽コロナ加熱問題を説明できるかもしれないアイデアとして太陽の磁場が注目されています。太陽の黒点には磁場が存在することを紹介しましたが、**太陽磁場を介して太陽表面からコロナに向かってエネルギーを輸送している**と考えられています。しかし、具体的にどうやってエネルギーを輸送しているかはまだ解明されておらず、パソコンを用いたシミュレーションと太陽を直接観測することによって、この謎を解き明かそうと現在も活発に研究が進められています。

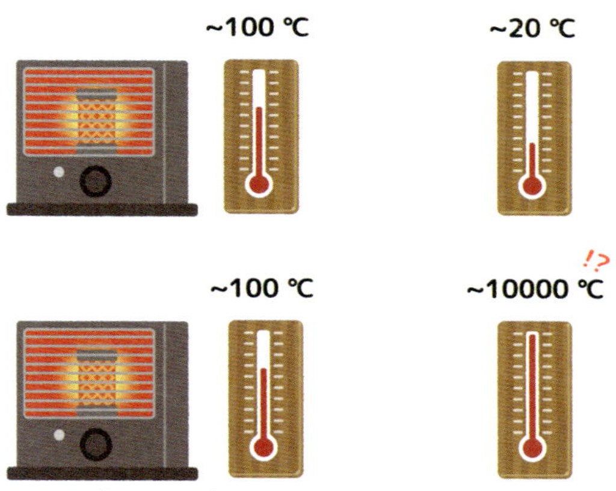

ストーブの周辺から離れると温度が低くなり、温まるのにちょうど良い温度になる。（上）
太陽コロナの場合は、ストーブから離れるほど温度が高くなるため、部屋を温めるどころではなくなる。（下）

太陽は意外と暗い!?
太陽の放射するエネルギー

太陽は1秒間に約10^{26}Jのエネルギーを生み出しており、これは全世界で1年間に消費されるエネルギーよりも約100万倍大きな値であるということを既に紹介しました。さて、これだけ聞くと太陽は莫大なエネルギーを生み出しているように感じますが、ちょっと別の視点で考えてみましょう。「太陽は重いからそれだけ莫大なエネルギーを生み出せる」という視点です。何となく、重い（大きい）物体ほどそれだけ多くのエネルギーを生み出せる気がします。そこで「太陽1kgあたり、どれだけのエネルギーを生み出しているのか？」と考えてみましょう。これは「(太陽が1秒あたりに生み出すエネルギー量）/(太陽の質量)」を計算すればよく、太陽1kgあたり大体10^{-4}Jのエネルギーを生み出していることがわかります。思ったよりも小さい値に感じませんか？　比較のために、木を燃やす場合を考えると、1kgあたりおよそ10^{3}Jのエネルギーを生み出している結果となります。なんと、1kgあたりの質量で考えると木を燃やしたときに発生するエネルギーは太陽の1000万倍も大きいのです！

さらに、人間が放射するエネルギーについても紹介しましょう。人間は1kgあたり数Jのエネルギーを放射していると見積もられています。木を1kg燃やしたときに発生するエネルギーと比べると3桁近く小さいですが、それでも太陽1kgあたりが放射するエネルギーよりも1万倍近く明るいことがわかります！　つまり、**太陽がまばゆいほど輝いているのはその質量が大きいからであり、仮に私たち人間が太陽の質量程度まで重く**

なったとしたら、太陽よりもはるかに明るく輝くことになるのです。

とはいえ、これで太陽に対する評価を下げないでください。確かに太陽1kgあたりの放射するエネルギーは木などに比べるとはるかに小さいですが、木を燃やす場合と比べて大きな違いがあります。それは「継続性」です。**太陽は現在までに約50億年燃えていると考えられています。**この長さの期間エネルギーを生み出して燃え続けることは、木を燃やすのでは無理です。では、太陽はどのようにして約50億年に渡ってエネルギーを生み出し続けているのでしょうか？　次で、その仕組みについて見ていきます。

	太陽	木	人間
1kgあたりの生み出すエネルギー	～10^{-4} J	～10^{3} J	数J
エネルギーを生み出す時間	50億年以上	長くても数時間	寿命と考えれば長くて～100年程度

1kgあたりの生み出すエネルギーの比較。1kgあたりに生み出すエネルギーは小さなものだが、莫大な質量と燃え続けることのできる時間の長さは圧倒している。

太陽はどうして燃えているの？

木を燃やせば熱エネルギーが発生して暖かくなりますが、大体数時間程度で燃え尽きて炭になります。一方、太陽は50億年以上にわたって燃え続け、莫大なエネルギーを生み出しています。そんなにも長い期間にわたって莫大なエネルギーを生み出し続けるのはどういうメカニズムなのでしょうか？

答えは「**核融合反応**」です。太陽の内部では、4つの水素が融合して1つのヘリウムになる核融合反応が起きており、その際にエネルギーが発生しています。具体的に書くと、「**(4つの水素) → (ヘリウム1つ) + (2個のニュートリノ) + エネルギー**」と表せます。(「ニュートリノ」という単語が出てきましたが、これは次で説明します。)

この反応で、なぜエネルギーが生み出されるのでしょう？実は「4つの水素が核融合反応で1つのヘリウムになる」過程で、「4つの水素の質量の和」と比べて「ヘリウム1つの質量」が若干小さくなっています。失われた質量はどこに行ったのでしょうか？

その鍵を握るのが、アインシュタインの提唱した(特殊)相対性理論です。相対性理論では「エネルギーと質量が等価である」ということが導かれましたが、**核反応前後で失われた質量は莫大なエネルギーとなって解放されたのです。**質量が失われることによって莫大なエネルギーが解放されることにぴんと来ない方もいるかもしれません。広島に投下された原子爆弾「リトルボーイ」では、約0.7gの質量がエネルギーに変換されたと見積もられています。わずか0.7gの質量欠損によって生じたエネルギーがいかに莫大であったかの説明は不要でしょう。太陽では核融合反応によって1秒間あたり約50億kgの質量が失われてエネルギーに変換されているため、いかに莫大なエネルギーが生み出されているか想像できるのではないでしょうか。

しかし、太陽はいつまでも燃え続けるというわけではありません。核融合反応を起こす材料の水素が枯渇したら太陽の核融合反応も終了します。1秒間に約50億kgの質量が失われていることから計算すると、太陽が「燃料切れ」になるのは約50億年後と見積もられています。

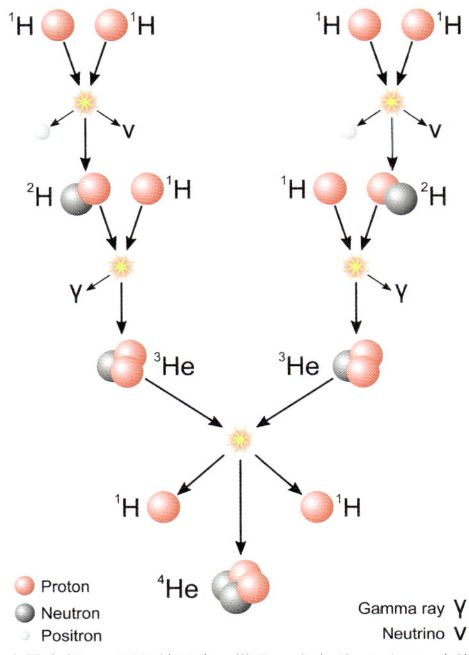

太陽内部での原子核反応の様子。水素がヘリウムに変換され、その過程でエネルギーが発生し、太陽を輝かせる。©Sarang

太陽ニュートリノが教える ニュートリノの謎

私たちが太陽を観測するときに見えるのは太陽の表面です。電磁波では太陽の奥深くまで見ることはできません。これは専門的な言葉で言うと「光学的厚さが大きい」と言います。あたかも深い霧に包まれているため、霧の向こうが見えないようなイメージです。太陽内部での核融合反応は太陽の中心部で起きているので、電磁波を用いて太陽内部を観測することができない以上、太陽内部の核融合反応を調べるためには別の方法を用いる必要があります。そこで注目するのが「**ニュートリノ**」です。太陽内部の核融合反応では4つの水素からヘリウムが作られると同時にニュートリノも発生するため、そのニュートリノを使うことで、太陽内部の核融合反応の様子を調べることができます。太陽からやってくるニュートリノは「**太陽ニュートリノ**」と呼ばれています。

ニュートリノは「幽霊粒子」と呼ばれる素粒子の一つで、他の物質との反応が起きにくく、太陽内部の奥深くで核融合反応で生成されたニュートリノは太陽表面まで到着することができるため、電磁波では観測できない太陽の内部を観測できます。

また、太陽ニュートリノは太陽内部の核融合反応を調べるだけではなく、ニュートリノ自身の性質を調べるのにも一役買っています。地球上にやってくる太陽ニュートリノの数が標準的な理論で予測されるより少ないという「**太陽ニュートリノ問題**」が報告され物理学者たちを悩ませました。しかしこの問題は、「**ニュートリノ振動**」と呼ばれる現象で説明できることが示唆されました。ニュートリノ振動とは、ニュートリノが他の種類のニュートリノに変化する現象です。そして、ニュートリノ振動が起こるためにはニュートリノが質量を持っている必要があります。つまり、太陽ニュートリノ問題を解決するためには、ニュートリノが質量を持っていなければならないことを示しているのです。ニュートリノ振動は東京大学の梶田隆章先生らによってスーパーカミオカンデを用いた実験で確かめられており、梶田先生はこの業績で2015年にノーベル物理学賞を受賞しました。素粒子物理学の標準的な理論ではニュートリノは質量を持たないと考えられていたので、ニュートリノが質量を持つことは素粒子物理学の定説を覆す大発見でした。太陽という宇宙スケールの現象がニュートリノという素粒子の謎を解き明かすヒントになったのです。

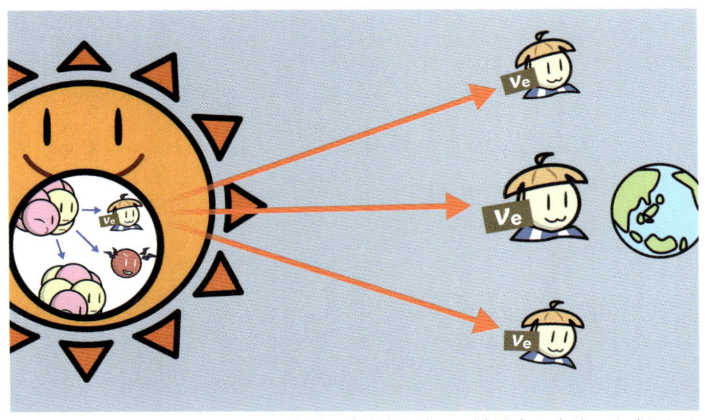

太陽からやってくるニュートリノ。太陽の中心部で起こる核融合反応時に生成されるニュートリノを使って太陽の内部構造を調べることができる。© ひっぐすたん

地球の兄弟姉妹達
太陽系の惑星や小惑星たち

太陽の周りを公転する惑星は地球だけではなく、水星、金星、火星、木星、土星、天王星、海王星といった惑星たちが太陽系に存在します。これらの惑星は地球と同じく太陽の周りを回る兄弟姉妹です。太陽系には惑星だけではなく、他にも小惑星、彗星、太陽系外縁天体、惑星間塵も含まれています。

ここで各惑星と太陽の距離を見ていきましょう。**太陽系での距離の表現には「天文単位（au）」がよく使われます。**これは太陽と地球の距離を基準とする単位で、1au=1億5千万kmです。天文単位で太陽と各惑星の距離を表すと、水星までは約0.39au、金星までは約0.72au、火星までは約1.52au、木星までは約5.20au、土星までは約9.54au、天王星までは約19.2au、海王星までは約30.1auとなっています。海王星よりも離れた太陽から約30auから50auの場所には、小天体が円盤状に分布している「エッジワース・カイパーベルト」と呼ばれる天体群が存在しています。

また、太陽から1万auから10万auの距離の場所に太陽系を取り囲むように微惑星が球殻状に分布した「**オールトの雲**」が存在すると考えられています。地球に時折彗星がやってきますが、彗星の多くはオールトの雲からやってくると考えられており、オールトの雲は「彗星の巣」とも言えます。ただ、オールトの雲はあくまで理論的な存在であり、未だに観測はされていません。1977年に打ち上げられたボイジャー1号は地球から最遠の探査機で現在も地球から遠ざかっており、2024年現在太陽から約160auの場所にいます。しかし、この距離はオールトの雲が存在するとされている場所の100分の1程度の位置に過ぎません。オールトの雲は本当に存在するのか気になるところです。

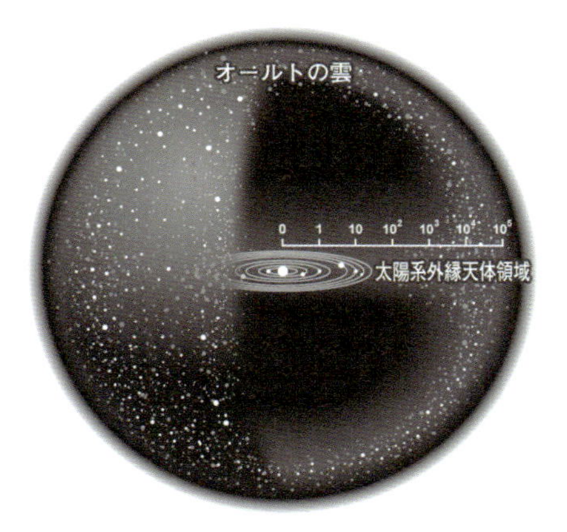

太陽系外縁天体領域と、太陽系（+太陽系外縁天体）を取り囲むオールトの雲。© 理科年表

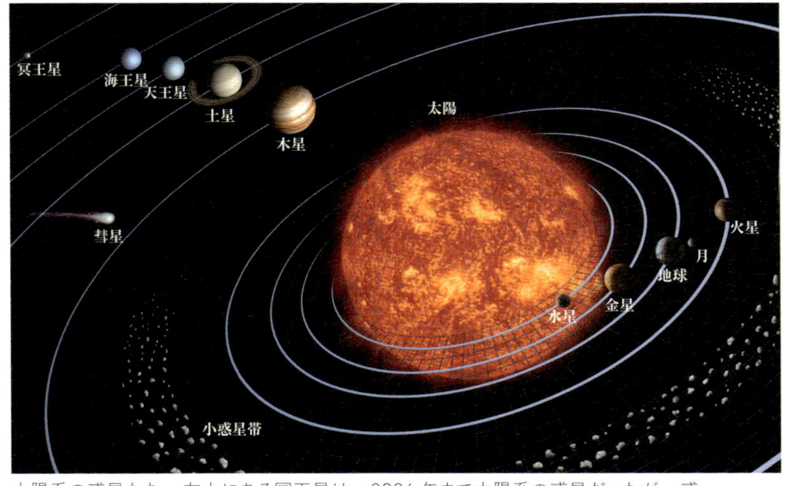

太陽系の惑星たち。左上にある冥王星は、2006年まで太陽系の惑星だったが、惑星の基準を満たさないことで準惑星に分類された。この冥王星は、エッジワース・カイパーベルトに存在している。©NASA/JPL

太陽系冒険プロジェクト

「地球を飛び出して他の星に行く」、これは人類の究極の夢の一つではないでしょうか？　この夢を現実のものとするべく現在でも宇宙開発計画が進んでいます。まずは私たちにとって最も身近な天体である月がターゲットです。人類はアポロ11号にて1969年に月面への着陸を既に果たしていますが、アメリカを中心として、再び人を月面に送り込む有人宇宙飛行計画である「**アルテミス計画**」が進行中です。2022年11月にはアルテミス1号（宇宙船オリオン）が打ち上げられ、月周回軌道に到達し、6日間の月周回後、地球に帰還しています。アルテミス計画では、月周回軌道上に有人拠点（ゲートウェイ）を通して月に物資を運び、人類が月で持続的に活動を行うための月面基地建設を行うゲートウェイ計画なども含まれています。さらに将来的には、ゲートウェイを火星探査への中継基地として利用することも計画されており、人類の宇宙開発の要となるのが期待されています。また、日本人宇宙飛行士をアルテミス計画の中で月面着陸させることも計画されており、日本人初の月面着陸者が出ることにも注目が集まっています。

ゲートウェイを中継地として火星探査を行うと紹介しましたが、火星探査の歴史は長いです。1960年代ソ連とアメリカが火星探査のために探査機を送り込む挑戦を始めて以来、現在では数多くの人工衛星や着陸船、ローバーを含む無人探査機が火星に向けて打ち上げられてきました。火星探査の目的は多岐に渡り、火星の大気や地質の成分調査、火星の資源利用は可能なのか、火星にかつて生命は存在したのか？　など、科学的に興味深い謎が多く詰まっているのが火星という惑星なのです。

火星のその先には木星がありますが、火星と木星の間には小惑星が無数に存在する領域があります。小惑星は太陽系がどのように形成されたかを理解する上で重要であり、小惑星探査も活発に行われています。**小惑星探査において日本は大きな役割を果たしています。**小惑星「イトカワ」からサンプルを持ち帰った小惑星探査機「**はやぶさ**」や、小惑星「リュウグウ」からサンプルを持ち帰った小惑星探査機「**はやぶさ2**」は記憶に残っているでしょう。

これから100年後には宇宙進出がどんどん進んで、私たちの子孫が月で生活したり火星まで旅行に行ったりするのが当たり前という時代が来るかもしれないと想像するとワクワクしますね。

将来は月で生活できる日も来る？ © NASA/SAIC/Pat Rawlings

火星の写真 ©NASA/JPL-Caltech/ASU/MSSS

惑星たちの運動の背後に潜む法則

ケプラーの法則

地球や火星、その他の惑星たちは太陽の周りを周回していますが、無秩序に周回しているというわけではありません。惑星たちの運動の背後には法則が潜んでいます。全部で3つあるそれら法則はドイツの天文学者**ヨハネス・ケプラー**にちなんで「**ケプラーの三法則**」と呼ばれています。

1つ目は「**惑星は太陽を焦点とする楕円軌道上を動く**」です。それまでは、惑星は太陽の周りを円運動していると考えられてきましたが、ケプラーは、楕円運動を行っていることを発見しました。2つ目は「**惑星と太陽とを結ぶ線分が単位時間に掃く面積は一定である**」というものです。これは、同じ時間（例えば1ヶ月）の間に惑星が運動するとき、太陽と惑星を結んだ線分、惑星の移動軌跡の作り出す面積は等しくなる、というものです。3つ目は、「**惑星の公転周期の2乗は、軌道長半径の3乗に比例する**」です。「惑星の公転周期の2乗と軌道長半径の3乗の比は、どの惑星でも同じになる」と言い換えることもできます。例えば、地球の場合だと公転周期は1年、軌道長半径（太陽と地球の距離）は1auなので（惑星の公転周期の2乗）/（軌道長半径の3乗）＝$1^2/1^3=1$となります。一方、火星の場合、周期は1.88年、軌道長半径1.52auなので、$1.88^2/1.52^3 \sim 1$となり、同じ値になります。興味のある方は是非、他の惑星でも第三法則が成り立つことをご自分で計算して確かめてください。

ちなみに「ケプラーの三法則」はデータから発見された経験則で、「なぜ、ケプラーの三法則が成り立つのか？」については当時わかっていませんでした。この問いに回答を与えたのはアイザック・ニュートンです。ニュートンは太陽と惑星の間に万有引力が働いており、物体の運動は運動方程式で記述できるという「ニュートンの運動法則」を原理に据えて考えると、ケプラーの三法則が成り立つことを示しました。

ケプラーの第一法則。惑星は太陽の周りを楕円運動する。

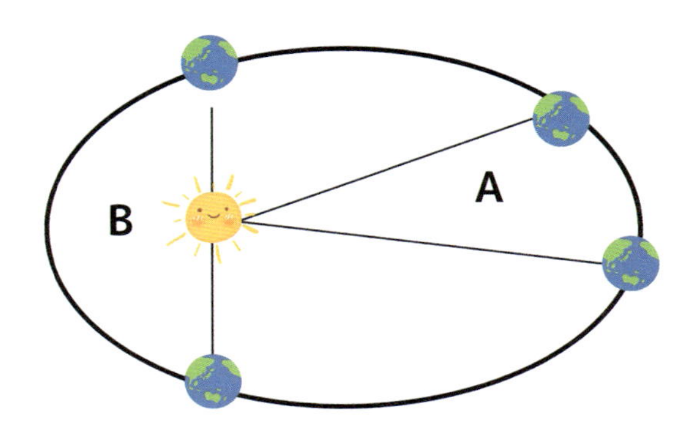

ケプラーの第二法則。惑星が同じ時間の間に移動したとき、惑星と太陽の作り出す面積は等しくなる。この図の場合、A=B となる。

惑星は一人ぼっちで誕生するのか?　太陽系の作られ方

これまで太陽や太陽系惑星の性質を見てきましたが、そもそも太陽や太陽系はどのようにして形成されたのでしょうか？太陽やその他の恒星の形成についてはこの後詳しく見ていくので、ここではとりあえず太陽が作られた後からスタートしてみます。ただし、「太陽は宇宙空間に存在しているガス（星間ガス）から作られる」ということをひとまず認めてください。（原始）太陽は星間ガスが重力で収縮して作られますが、太陽が作られた後も、原始太陽の周辺には円盤状に分布した星間ガス（**原始太陽系星雲**）が渦巻いています。原始太陽系星雲中では星間ガスと、大きさが数μm（1μm=10^{-6}m）程度の星間塵が結びつき、ガスが分裂しながら大きさが数km程度の微惑星が形成されます。大きさが数km程度ともなると微惑星自身の重力もある程度大きくなるので、今度は微惑星同士が重力で引き付け合って互いに衝突・合体しながら次第に半径が数千km程度まで大きくなっていき、現在の惑星の祖先である「**原始惑星**」が形成されます。大きさ数μmの星間塵から出発して大きさ数千km程度の原始惑星になりますので、実に9桁以上も成長しているので驚きですよね。

原始惑星以降の進化は、木星よりも内側の惑星か外側の惑星かで異なります。木星よりも内側の惑星（水星、金星、地球、火星）は「**地球型惑星**」と呼ばれており、原始惑星がさらに成長して作られると考えられています。一方、木星よりも外側の惑星（木星、土星、天王星、海王星）は「**木星型惑星**」と呼ばれており、地球型惑星とは異なり周囲のガスを取り込んで成長することで作られたと考えられています。

　ここまでの惑星の作られ方を見てきたらわかる通り、太陽系惑星は原始太陽系星雲中でほとんど同じ時期に作られました。すなわち、地球は一人ぼっちで誕生したのではなく他の惑星達と一緒に誕生したので、現在の太陽系惑星たちは地球の兄弟姉妹と言うことができるのです。

原始太陽の周りを取り巻く星雲で原始惑星が形成される様子。同心円状に星間ガスや星間塵が広がっていて、それらが原始惑星の材料になる。
© NASA/FUSE/Lynette Cook

column 3

研究者とは？②博士号取得とその後

無事に博士号を取得したら、いよいよ研究者として独り立ちです。時折、「博士号取得したから次は大学教授だね」と言われるのですが、これは卒倒してしまいそうな話です。大学教授までの道のりはとてつもなく茨の道であり、激しい競争の連続です。まず、大学教員と一言で言っても、「助教、講師、准教授、教授」などがあります。大学教員としてのキャリアは助教から始まる場合が多いのですが、博士号を取得してすぐに助教になれる人は少なくとも天文学分野ではかなり稀です。多くの場合、博士号を取得したら「博士号研究員（ポスドク）」と呼ばれる、2、3年の任期付きポジションからスタートします。ポスドクは任期が切れたら次の職を探す必要があり、普通は数回のポスドクを経験してから大学教員職に就く場合が多いです。私の場合だと、パリのパリ天文台で2年間、北京の清華大学で1年8ヶ月のポスドクを経験しました。ポスドクの間は任期が決まっているため、非常に不安定な立場です。だからこそ、研究者は任期が無くずっと大学や研究所で働ける「任期なし職（パーマネント）」に就くことを切望します。次のポスドク先、あるいは大学教員になるためには論文数などの研究業績が求められます。そのため、ポスドクの間に論文を全く書かないと大学教員どころか、次のポスドク先を見つけられないことになります。定期的に論文を書き、研究業績を積み重ねても、大学教員ポジションの募集が無ければ、大学教員になることはできません。そして、任期なしの大学教員ポジションの募集は、日本の天文学分野の場合、1年間に数個から多くても10個程度しか出ません。これはポスドクの数と比較するとかなり少なく、任期なしの大学教員職ポジションの公募が出ると、採用人数1人に対して数十名、多いと100名近くの応募が殺到します。この事から、大学教員になることがいかに難しいかがわかると思います。もちろん、博士号を取得した人全員が大学教員を目指すわけではなく、民間企業に就職する人も多いです。これは高度な人材を社会に輩出する観点からも非常に大事なことです。しかし、博士号取得後に大学で研究を続け大学教員を目指すなら、激しい競争になることを覚悟しなければなりません。

chapter 4

星の誕生と進化

恒星とは?
太陽と地球の違い

太陽と地球は、大きな枠組みでは「星」と表現されますが、実際にはその性質は全く異なります。では、太陽と地球の違いは一体何でしょうか？

まず、すぐに思い浮かぶのは「太陽は輝いている」ということです。太陽の内部では核融合反応によって莫大なエネルギーが生成されています。この核融合反応によるエネルギーが光や熱として放射され、太陽は輝いています。一方、地球は自ら核融合反応を起こしてエネルギーを生み出すのではなく、太陽からのエネルギーを受け取ることによって維持されています。太陽のように自らエネルギーを作り出し輝くことのできる星のことを「**恒星**」といいます。

太陽と地球の違いはエネルギー源だけではありません。太陽と地球はその大きさ、構成物質など様々な点で大きく異なっています。**太陽は主に水素とヘリウムで構成された高温のガスの巨大な球体である一方、地球は固体の表面を持ち、地殻、マントル、核という層構造を持つ惑星で多種多様な元素が含まれています。**

また、夜空を見上げると、太陽のように輝く恒星が数多く存在しています。例えば、シリウスやベテルギウスといった恒星は、太陽と同じように核融合反応によってエネルギーを生み出し、光を放っています。これらの恒星は太陽同様、自ら輝くという共通点がありますが、その大きさや温度、進化の段階などは異なります。例えば、ベテルギウスは赤色超巨星と呼ばれる巨大な恒星で、太陽の約1000倍の大きさを持っており、シリウスは太陽よりも高温ではるかに明るい光を放っています。

以上のように、太陽のような恒星と地球のような惑星はあらゆる点で大きく異なっています。これから恒星の性質についてより詳しく見ていきますが、太陽と他の恒星を比較することで、宇宙における星々の多様性や、地球が存在する太陽系の特異性を理解する手がかりとなるでしょう。

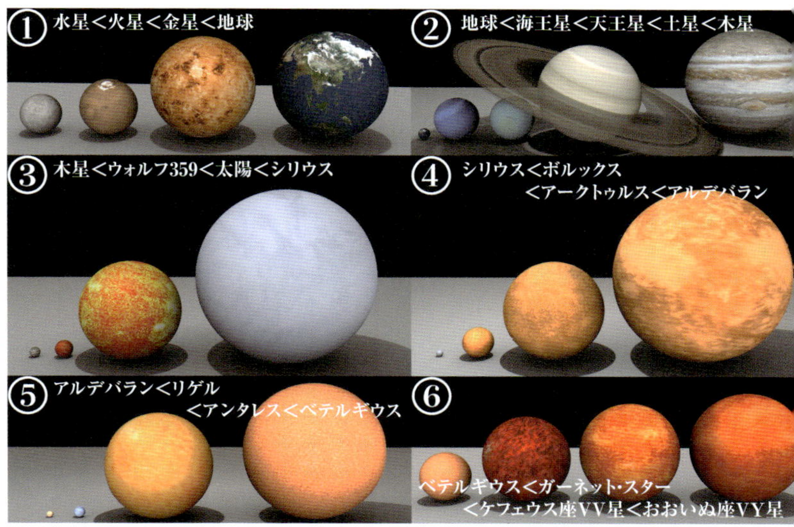

恒星と惑星の大きさ比較。恒星と惑星の形成過程やエネルギー生成過程が異なるので、その大きさも全く異なり、恒星の方が圧倒的に大きく重い。ここでは太陽系の惑星と有名な恒星を並べている。気になる方は調べてみよう！

星までの距離と明るさの関係

夜空に輝く恒星たちについて知りたいと思ったとき、まずどういう性質に注目するかというと、その明るさです。明るさを知ることで、どれくらいのエネルギーを放射しているのか知ることができ、エネルギーの放射量から星の年齢や活動内容を見積もることができます。しかし、たとえ見かけ上は明るい星でも遠くにあると暗く見え、逆に星本来の明るさは暗くても近くにあると明るく見えてしまうので、**星の明るさを正確に見積もるためには、星までの距離を正しく見積もることが必要です。**星本来の明るさは「絶対等級」で表され、私たちが実際に観測するのは「見かけの明るさ」であることは既に紹介しましたが、「見かけの明るさ」、「絶対等級」、「星までの距離」の間には右図で示すような簡単な関係が成り立ちます。高校までの数学を学習した人は「log」が対数であることを思い出してください。「log」が出てくるので難しそうに見えますが、この式の伝えたいことは至ってシンプルです。**「見かけの明るさ」「絶対等級」「星までの距離」は結びついており、これら3つの量のうち、2つの量の値がわかっていれば、残りの1つの量を知ることができるということです。**例えば、「見かけの明るさ」と「絶対等級」がわかれば、その星までの距離がわかりますし、「見かけの明るさ」と「距離」がわかれば、その星の「絶対等級」がわかります。

星までの距離を測定する方法として、「年周視差」を用いた距離測定方法を既に紹介しました。復習をすると、年周視差法は太陽の公転のため、時期によってある星の見える位置が異なるのを利用して距離を測定する方法でした。現在、「Gaia衛星」では10億個以上の星を年周視差法によって観測し精密な距離決定を行っています。しかし、年周視差を用いた距離測定では、時期によって星の見える位置（角度）を測定する必要があり、遠くの星ほど角度が小さくなってしまうため、あまり遠くの星の距離の測定には使えないという弱点があります。年周視差を用いた距離測定ではだいたい数千光年程度の距離の星までしか測れません。天の川銀河の大きさが10万光年程度なので、年周視差で測定できるのは天の川銀河のせいぜい100分の1程度の大きさの狭い範囲なのです。では、より遠くの星までの距離はどのように測定すれば良いのでしょうか？

距離と明るさの関係

$$m - M = 5\log_{10}\left(\frac{D[\mathrm{pc}]}{10[\mathrm{pc}]}\right)$$

m:見かけの明るさ

M：絶対等級

D：星までの距離

星の見かけの明るさ、絶対等級、星までの距離を結びつける関係式

より遠くの星の距離を測定

星の明るさの変化を利用する

年周視差法では、せいぜい数千光年先程度に存在する星までしか距離測定が行えません。より遠くの星までの距離を測定するにはどうしたら良いのでしょうか？　実は、遠くの星を測定するのにまさにうってつけの特別なタイプの星があります。それは、「**変光星**」と呼ばれるタイプの星です。変光星の中でもとりわけ「セファイド型変光星」が有名です。

変光星とは星の明るさが周期的に変化するタイプの星で、数日から200日程度かけて星の明るさが変化します。**この星の明るさの変化は、星の表面にあるガスが膨張や収縮を繰り返す「脈動」によって生じます。**興味深いことに、セファイド型変光星の「周期」と「光度（絶対等級）」の間には直線関係が成り立ちます。これを「**周期—光度関係**」と言います。これは中学校で習う一次関数（例:$y=2x$）と同じで、xの値がわかるとただちにyの値がわかるものです。つまり、**「周期ー光度関係」は、一次関数で表される直線関係になっているので、セファイド型変光星の周期がわかれば、その星の光度（あるいは絶対等級）を知ることができます。**

変光星の周期は星を数日から200日程度観測し続ければ得ることができます。そして、ここで「星の明るさと距離の関係」を思い出してください。「星の見かけの明るさ」と「星の絶対等級」、「その星までの距離」のうち2つがわかると、残りの一つを知ることができるという内容でした。「周期—光度関係」を用いると、その星の「絶対等級」がわかるので、我々が観測で測定できる「星の見かけの明るさ」と組み合わせることで、その星までの距離を知ることができるのです！　**セファイド型変光星を用いた距離測定では、大体数十Mpc（数千万光年）の距離まで測定できます。**年周視差で測定できる数千光年程度の距離と比べると遥か遠くの星までの距離を測定できます。

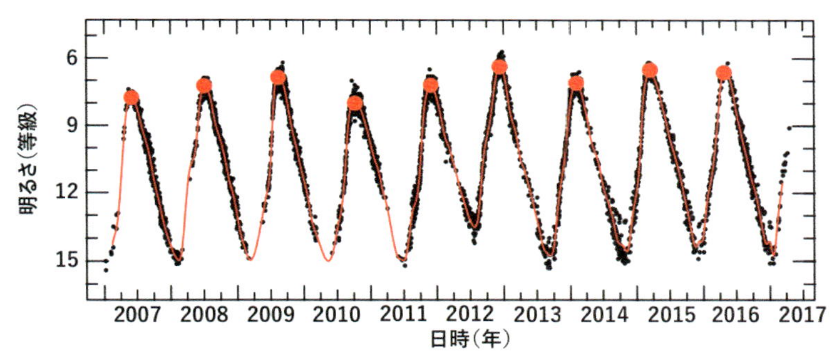

変光星の明るさが周期的に変わる様子を観測したグラフ。横軸は観測した年、縦軸は変光性の明るさ。© 松永典之（東京大学）

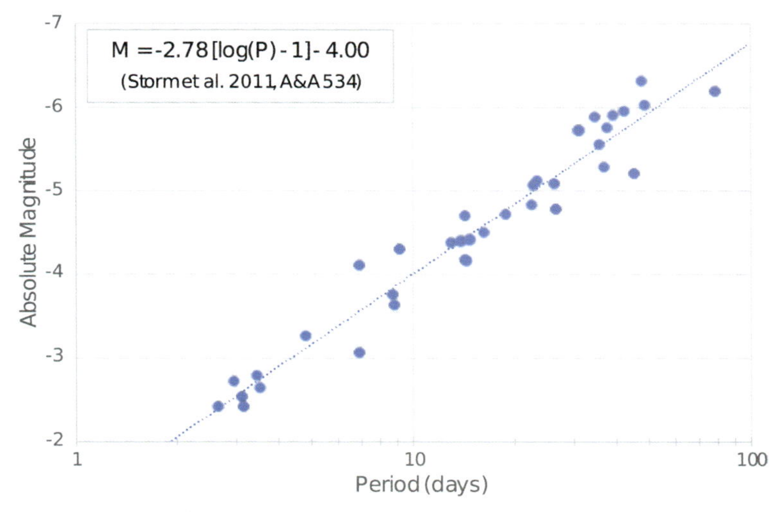

変光星の周期（横軸）と絶対等級（縦軸）の関係。一次関数で表される直線関係が見える。©Dbenford [CC BY-SA 4.0]

宇宙の「距離はしご」

セファイド型変光星の変光周期を利用して距離を測定する方法を紹介しましたが、実は他にも「星の光度（絶対等級）」を利用して距離測定に使える星があります。それは**超新星と呼ばれる星の最期におきる大爆発（超新星爆発）です。**超新星爆発について後ほどの「星の最期」に関する話題で詳しくとりあげますが、超新星爆発にはIa型、Ib型、Ic型、II型など色々なタイプがありますが、その中でも**Ia型の超新星爆発では「明るさのピーク」と、爆発後に星が暗くなっていく時間の間に関係が成り立つことがわかっています。**つまり、爆発後の星の明るさの変化時間から星の光度（絶対等級）を見積もることができるのです。ここまで来たら、あとはセファイド型変光星の場合と同様の流れで距離を測定することができますね。セファイド型変光星では数千万光年の星の距離測定に使えると紹介しましたが、Ia型超新星を用いた距離測定は、なんと100億光年先まで使えます！

「セファイド型変光星やIa型超新星を用いれば、数千万光年先の星の距離を測定できるのだから、近くの星しか測れない年周視差を用いた測定は不要では？」と思った方もいるのではないでしょうか？　実は、これは誤りです。例えば、（目盛りの付いた）体重計で体重を測定するのを思い出して欲しいのですが、私たちが体重計に載る前には目盛りは0kgになっています。しかし、壊れた体重計だと載る前から5kgや10kgになっている場合もあり、それだと私たちの体重を正確に測定できず、載る前の体重計の目盛りを0kgにセットしなければなりませんよね。距離測定の場合での「目盛りのセット」は年周視差法を用いて近傍の星の距離を測定することです。**年周視差法による距離測定で目盛りをセットして初めて変光星を使って遠くの星までの距離測定が可能になります。**そしてさらに変光星を用いて求めた距離を使ってIa型超新星を使った距離測定の目盛りをセットすることで、より遠方の星までの距離を測定できるようになるのです。このように、宇宙での距離測定では近場の星までの距離を測定して目盛りをセットすることで、どんどん遠くの星までの距離測定を行うことができます。これはあたかも「はしご」を繋いでいくのに似ているので「**宇宙の距離はしご**」と呼ばれています。

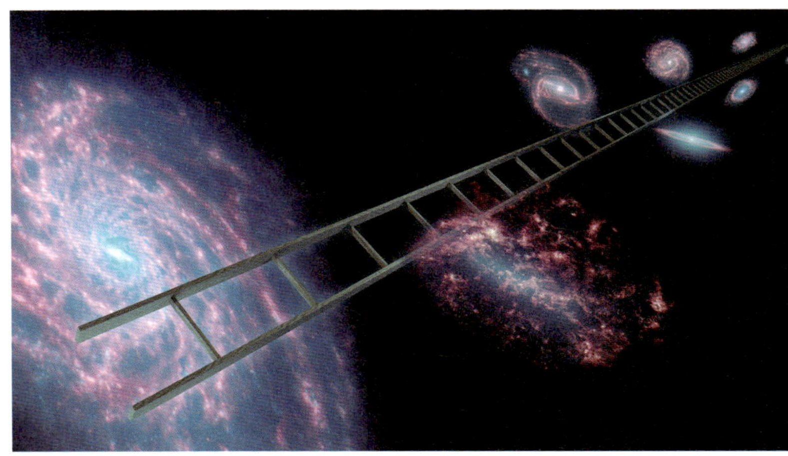

宇宙の距離はしごのイメージ　©NASA/JPL-Caltech

星の誕生の現場

ここまで、恒星の存在を当たり前のものとしていましたが、「恒星はどうやって形成されたのか？」について考えてみましょう。恒星は、**星間空間**（星と星の間に存在する宇宙空間）で誕生します。恒星の存在していない星間空間は何もない真空かというとそうではなく、**星間物質**とよばれる物質が存在しています。星間物質は気体である星間ガスと固体の粒である星間ダスト（星間塵）で構成されており、星間ガスのほとんどは水素とヘリウムで、星間ダストは酸素や炭素、鉄などの重い元素（重元素）です。星間物質は様々な温度（数Kから数百万K）や密度（0.001-10^6 g/cm^3程度）を持ちますが、とりわけ温度が低く、密度が高いのが主に水素分子で構成された分子雲です。分子雲の大きさは太陽質量の数百倍程度から百万倍を超える巨大星雲のものまであります。分子雲の温度は約20K程度の低温で、密度は1000 g/cm^3程度と高密度です。この分子雲の中で恒星は誕生するので、分子雲は恒星のゆりかごともいえます。

分子雲には**暗黒星雲**と呼ばれるものもあります。可視光で観測した暗黒星雲の写真を見れば、その名前の理由が一目瞭然です。分子雲中には大量の星間ダストが含まれているため、分子雲の中で誕生した恒星から可視光が星間ダストによって吸収されてしまい、可視光が我々に届かず暗く見えるのです。分子雲を可視光で観測するのは難しいですが、それ以外の電磁波での観測は可能です。例えば、可視光よりも波長の長い赤外線や電波は分子雲の観測によく使われます。同じ分子雲を可視光と近赤外線、赤外線で観測した写真を比較すると、可視光では暗く見えますが、赤外線では赤く見えます。**分子雲の観測には赤外線が有効です。星間ダストを通過した赤外線を利用することで、分子雲の内部構造や若い恒星を捉えることができます。これは赤外線がダストによる吸収を受けにくいためであり、可視光での観測とは異なる情報を得ることができます。**

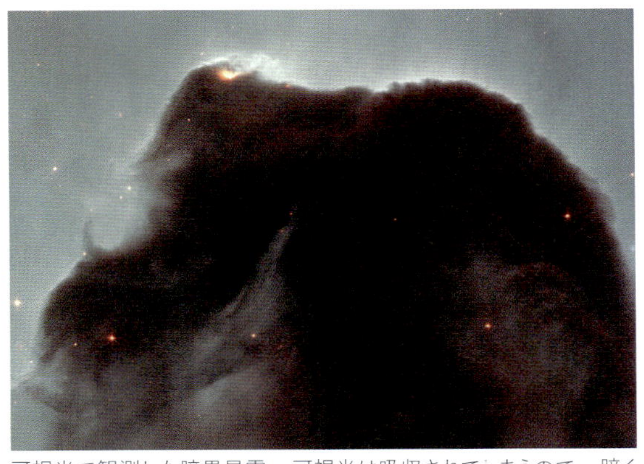

可視光で観測した暗黒星雲。可視光は吸収されてしまうので、暗くなっている。©NASA, NOAO, ESA and The Hubble Heritage Team (STScI/AURA)

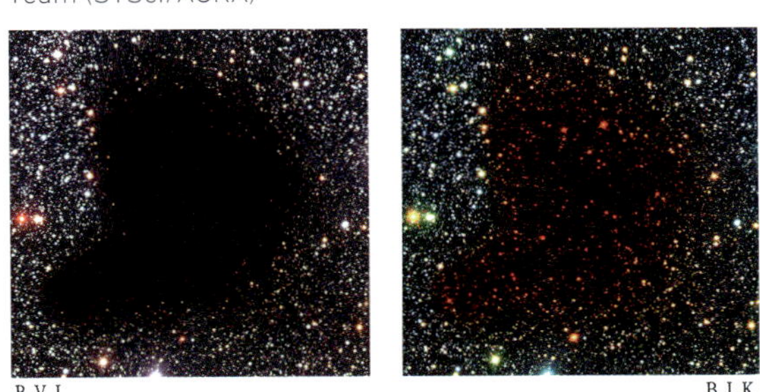

左側の写真は可視光と近赤外線で観測したもの。右側の写真は可視光、近赤外線、赤外線で観測したもの。右側の写真を見ると暗黒星雲の部分が赤外線で観測すると赤くなっている。©ESO [CC BY-SA 4.0]

分子雲ガスで起きる「綱引き」

分子雲の中で恒星が誕生するのを紹介しましたが、具体的にどのようにして恒星は誕生するのでしょう？　キーワードは「綱引き」です。どういう意味か見ていきましょう。

分子雲の話をする前に、空に浮かぶ雲の話をしましょう。空を見上げると雲がプカプカ浮いていますが、薄く広がっている雲もあれば、ある程度の大きさを持った塊の雲も存在しています。これらの雲の違いは密度です。同様に、分子雲でも密度の大きい領域もあれば、密度の小さな領域もあります。さて、周囲と比べて密度の大きい分子雲の領域では何が起きるのでしょう？

密度（質量）が大きいほど重力は大きくなるので、分子雲の密度の大きい領域には、より多くの分子雲ガスが集まってきます。するとさらにその領域の密度が大きくなって重力が強くなって、より多くの分子雲が集まって…と、この繰り返しによってどんどん分子雲ガスが集まってきます。つまり、**分子雲ガスの密度が大きい領域には分子雲ガスが集まってどんどん収縮し、分子雲の中に密度が高い分子雲コアが形成されます。**

このように星形成では、まず重力がガスを集めてくる上で重要な役割を果たします。次に星形成で重力と並んで重要な役割を果たすのが、分子雲ガス自身による圧力です。分子雲ガスが重力によってどんどん集まってくると、ガスの質量や密度もどんどん大きくなり分子雲コアの温度が上昇します。すると、分子雲コア自身のガス圧力が大きくなります。話は変わりますが、自転車のタイヤを触ると硬いのがわかりますよね。これは、タイヤの中には空気が詰まっており、タイヤ内の空気による圧力がタイヤを内側から押しているので硬くなっています。ガスもタイヤの中の空気と同様で、重力によって集まってきた分子雲ガスは自身の圧力によって、重力でガスが収縮するのを妨げる役割を果たします。すると重力による分子雲ガスの収縮はあるところで止まり、恒星の赤ちゃんである「原始星」が形成されます。**分子雲ガス自身の重力と圧力が綱引きを行い、重力と圧力の釣り合って落ち着いた状態になると、原始星が誕生するのです。**

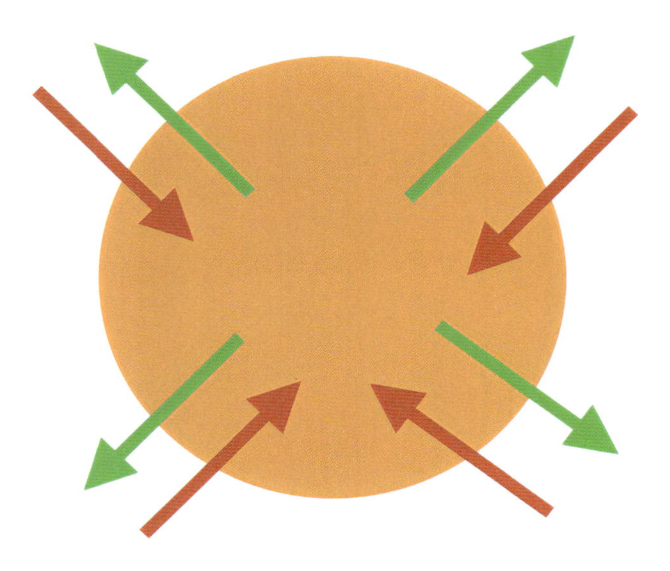

星形成の概念図。ガスは重力（赤色）で潰れようとするが、ガス自身の圧力（緑色）が重力に抗っている。

原始星から大人の星へ

分子雲ガスの中で、重力と圧力の「綱引き」の結果、原始星が形成されますが、原始星が恒星になるには、さらに成長して大人の星になる必要があります。ここで星形成の現場が分子雲ガスの中であることを思い出してください。原始星が誕生した後も周囲にはガスが存在しています。そのガスが原始星に向かって重力で落下して降り積もっていくことで、質量がどんどん大きくなって成長していきます。このガスからの質量降着はおよそ数百万〜数千万年かけて行われ、星は重力と圧力のつり合いを保ちながらゆっくりと収縮していきます。星がゆっくりと収縮すると、星の中心（コア）の温度が徐々に上昇していき、大体1000万度を超えたあたりで水素がヘリウムに変わる核融合反応が始まります。ここでようやく自ら輝くことのできる恒星へと成長するのです。このような恒星は「**主系列星**」と呼ばれ、長期間に渡って輝くことになります。太陽も主系列星の一つです。

こうして大人になった原始星ですが、人間と同様に個体差があり、一つ一つ異なる質量を持っています。恒星の質量を測定して、どの質量の恒星がどれくらい存在するのかも調べられており、これを「**初期質量関数**」と呼びます。初期質量関数のグラフを見るとピークが見えます。このピークが現れる「生まれた時の星の質量」は太陽質量のおよそ0.1倍の重さです。つまり、太陽質量のおよそ0.1倍の星が多く作られ、それより軽い/重い星の数は少ない、ということを表しています。興味深いことに、銀河系内のどの場所で初期質量関数を調べても、似たような形になることが知られており、星の初期質量関数には普遍性があることが示唆されています。

原始星とその周辺を取り囲むガス ©ESO/L.Calcada/M.Kornmesser [CC BY 4.0]

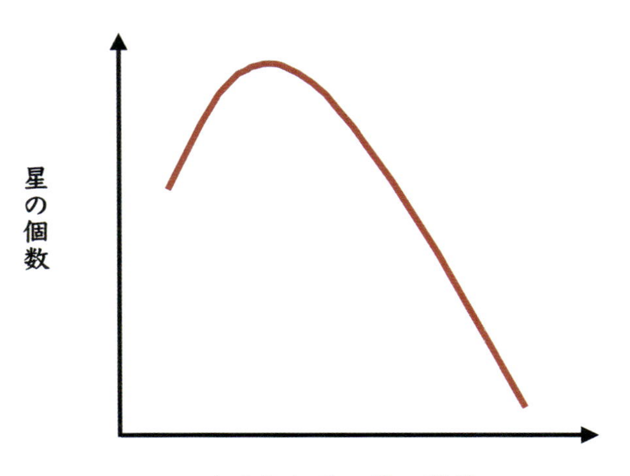

初期質量関数のイラスト。生まれたときの星の質量はおよそ太陽質量の 0.1 倍にピークがあり多く作られる。

星の多くにはパートナーが存在する！
連星系

生物界隈ではパートナーを見つけて生活を共にするケースが多く見られます。ここでは星の「パートナー事情」はどうなっているのかについて紹介します。私たちにとって最も身近な恒星である太陽はその近くに別の星があるわけではなく単独で存在しているので、宇宙に存在する星は単体で存在するケースが多いと思うかもしれません。しかし、意外に思われるかもしれませんが、太陽のように単体で存在する星とは異なり、**宇宙に存在する星の多くは「連星系」を形成しているのです！** 連星系とは、2つ以上の恒星がお互いに重力で結びつき、互いの周囲を運動している恒星たちのことです。夜空で一際明るい北極星（ポラリス）も実は三重連星で、3つの星がお互いの周りを周っています。また、地球から見てさそり座の方向に約500光年離れた位置にあるさそり座ν星は何と七重連星であることがわかっています。恒星の質量にもよりますが、太陽くらいの質量の星の場合だと約半数の星が連星系であると考えられています。宇宙には存在する星の連星系が多く存在しているので、まさに「星の多くにはパートナーが存在している」と言えますね。

ではなぜ、星の多くは連星系を形成しているのでしょうか？連星系の作り方にはいくつかシナリオが考えられていますが、有力なシナリオの一つとして「分子雲コアの分裂」があります。星形成は分子雲コアで分子雲ガスを材料として起こることを紹介しました。「分子雲コア分裂」シナリオでは、分子雲コアで星が作られるときに分子雲コアが複数に分裂し、分裂したそれぞれの分子雲コアで星が作られて、それぞれの星が成長することで連星系を作るという考え方です。つまり、連星系はそれぞれの星が生まれたときから既に連星をなしており、2つ以上の星が「双子（あるいは三つ子以上）」として生まれるのです。ただし、連星系形成のシナリオはまだ理論的にはわかっていないことが多く研究途上でもあります。

連星の例　© 国立天文台

星の分類方法
HR図

人間の体型について考えるとき、例えば「ある男性の体重が95kg」と言われたら、「ちょっと太っているな」と感じるかもしれません。確かに、身長が174cmで体重が95kgだったら肥満です（北京で研究員をしていた頃の著者です）。しかし、身長190cmのスポーツ選手の場合だったら話は変わってきます。理想的な体型だと言えます。このように、ある一つの要素だけに注目すると特徴を見失うことがあるので、複数の要素と合わせて考えることは重要です。星の場合だと、星の特徴を考える際に「**星の光度**」と「**星の温度**」がよく使われ、これらをグラフにした**HR図（ヘルツシュプルング・ラッセル図）**が有名です。HR図は「星の温度」と「星の光度」で星の分類を行ったり、星の進化を考えたりする際にとても役に立つグラフで、天文学を勉強する際には最初に学ぶ内容の一つです。HR図では横軸が「**星の種類（スペクトルタイプ）**」、縦軸が「**星の光度**」となっています。星はスペクトルのタイプによって分類することができ、スペクトルタイプの違いは星の温度の違いともなっているので、横軸は星の温度と考えることができます。

HR図は星の性質について色々教えてくれます。例えば、左上から右下に向けて斜めに帯状に星が分布しています。この帯に存在する星は「主系列星」と呼ばれており、恒星が核融合反応で安定的に輝き出していることを表しています。星が核融合反応を終えると徐々に主系列から離れていきます。主系列から右に離れて水平に点が分布している領域に存在する星は「巨星」と呼ばれるタイプの星たちです。主系列の左下部分にも斜めに帯が存在していますが、こちらの領域に存在している星たちは「**白色矮星**」と呼ばれています。主系列星、巨星、白色矮星は星の一生を考える上で重要な星たちです。

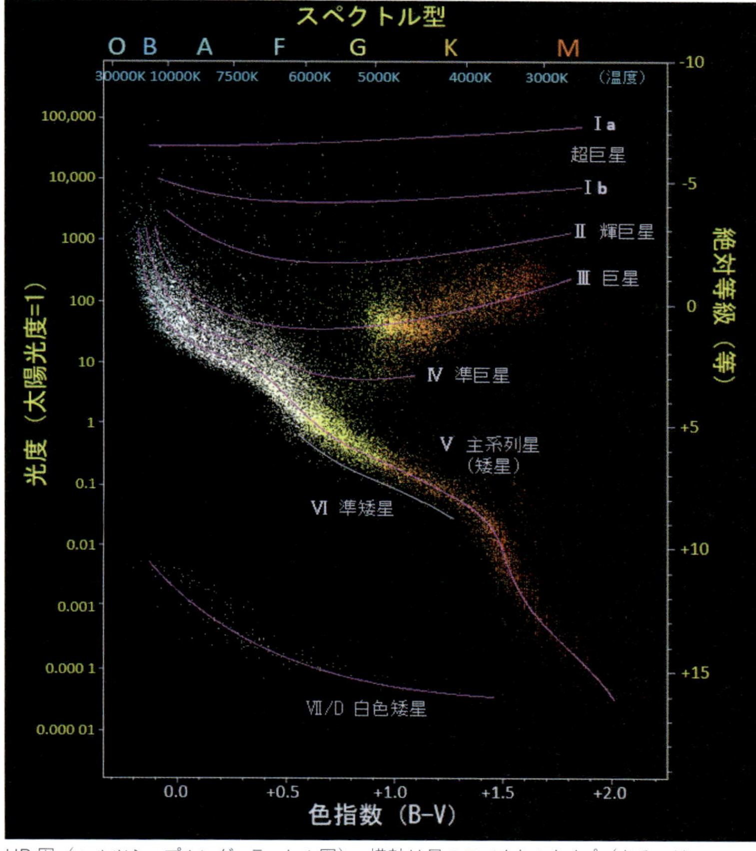

HR図（ヘルツシュプルング・ラッセル図）。横軸は星のスペクトルタイプ（あるいは星の温度としても良い）で、縦軸は星の光度を表している。右側に行くほど温度が低いのに注意。（出典を改変：VI準矮星を書き加えた（岡田定矩）
©Richard Powell [CC BY-SA 2.5]）

星の進化 1
赤色巨星

太陽はあと約50億年もすれば核融合に使われる水素が枯渇して核融合反応が終了すると考えられています。では、核融合反応が終わった太陽はその後、どのような運命をたどるのでしょうか？　燃料が枯渇して核融合反応が止まると、星を構成するガスの圧力が小さくなります。圧力は温度が大きいほど大きいため（料理をする方は圧力鍋を思い出してください。温度が高くなると圧力が大きくなりますよね）、核融合反応が止まると温度が下がって圧力が小さくなるのです。ガスの圧力が小さくなると、星は自分自身の重力を支えることができなくなります。すると、星は徐々に潰されていきます。このとき、星のコアは核融合反応の「燃えカス」であるヘリウムが大部分を占めています。ヘリウムでできたコアが重力によってどんどん潰されていくと、重力エネルギーの解放によって再び熱が生み出されます。「重力エネルギーの解放」はちょっとイメージしづらいかもしれませんが、例えば、高い場所から物を落とすと地面に落下するときにはすごい勢いになっていますよね？　これは高い場所にあった時の重力エネルギーが、落下するときにエネルギーが解放されて運動エネルギーへ変換したためです。重力エネルギーの解放によって生み出された熱は、星の表面へと伝わっていきます。すると星の外側（外層）がどんどん膨張します。しかし、星の外層の表面温度は低いため、最終的に表面の温度は低いけど大きく膨れ上がった星が作られます。このような星は「**赤色巨星**」と呼ばれます。太陽もあと50億年もすれば、核融合反応が止まり、赤色巨星になると考えられています。すなわち、太陽はどんどん大きくなっていくのです。**その大きさは現在の太陽のサイズの数十倍から数百倍にも達すると言われており、もしかしたら大きく膨れ上がり赤色巨星となった太陽に地球は飲み込まれるかもしれません。**仮に地球が太陽に飲み込まれなかったとしても、太陽の膨張によって太陽表面と地球の距離が近くなるため、地球の温度は上昇すると予想されます。そうなると、地球上での生命の存続も危なくなるため、太陽系から脱出して、生命が存続できる惑星を探した方が良さそうです。

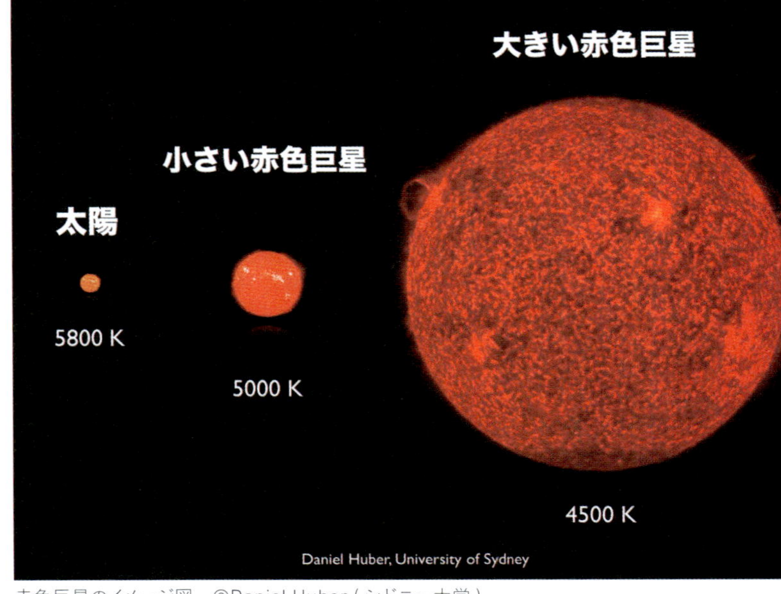

赤色巨星のイメージ図　©Daniel Huber（シドニー大学）

星の進化 2
惑星状星雲から白色矮星へ

核融合反応を終えた恒星は外層が膨張し、赤色巨星になります。その後、中心部に形成されたコアが紫外線を放射し、外層のガスを電離して輝きます。この状態の天体は「**惑星状星雲**」と呼ばれますが、惑星とは無関係です。惑星状星雲は数千年から1万年ほど輝いた後、冷えて光を失い、最終的に中心のコアだけが残ります。この残ったコアは「**白色矮星**」という名前がついており、太陽質量の8倍程度以下の質量をもつ星は、最終的に白色矮星になると考えられています（8倍を超える質量の星の最期については、後述する中性子星の章で説明します）。

白色矮星は色々と物理的に興味深い性質を持っています。白色矮星は核融合を終えているため、新たなエネルギーを生み出さず、徐々に温度が低下し、明るさも太陽の10分の1程度です。HR図では、白色矮星は左下に位置し、時間とともに暗くなっていくことがわかります。**白色矮星の最大の特徴は、その極めて高い密度です。質量は太陽と同程度ですが、体積は地球ほどしかなく、スプーン1杯分の物質で約1トンもの質量があります**。これは、スプーンの上に自動車が載っているほどの重さに相当します。

また、白色矮星の質量には上限があり、太陽質量の約1.4倍が限界とされています。この上限値は、インドの物理学者チャンドラセカールが特殊相対性理論と量子力学を用いて導き出したため、「**チャンドラセカール質量**」と呼ばれます。物理学の理論を用いて白色矮星の質量の限界を予測できるのは、非常に興味深いことではないでしょうか？

惑星状星雲の例　©NASA/ESA/CSA

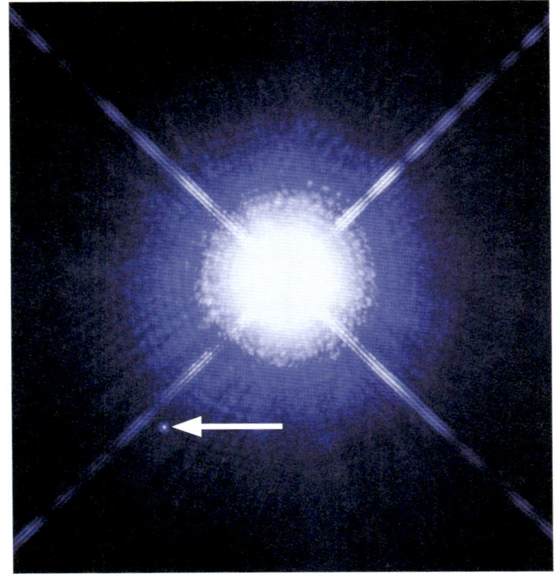

ハッブル宇宙望遠鏡によって撮影された白色矮星。中心で明るく輝いている星ではなく、矢印の先が白色矮星。
©NASA, ESA, H. Bond (STScI), and M. Barstow (University of Leicester)

chapter 4

星の中で起こる核融合反応

ここまで星が誕生した後、どのような進化をたどるのか見てきました。星の進化で最も重要なことは、「星の中の核融合反応がどのように進行するのか？」です。これは、星の内部での核融合反応がどれだけ進んだかによって星の様子は変わってくるためです。恒星は核融合反応によって安定的にエネルギーを生み出して自ら輝くことができます。太陽の中の核融合反応で見た通り、核融合反応はまず水素(H)を燃料にしてヘリウム(He)を生成するところから始まります。ヘリウムがある程度作られ、さらにヘリウムでできたコアの温度が大きくなると、今度はヘリウムコアの内側でヘリウムを燃料とする核融合反応が起きて炭素(C)が作られます。さらに炭素のコアでは炭素を材料とした核融合反応が起きて、酸素(O)やネオン(Ne)、マグネシウム(Mg)などが作られます。白色矮星の場合は、上で紹介した元素が核融合反応によって星の内部で作られます。一方、太陽の質量の8倍よりも重い星では、さらに核融合反応が進んで鉄(Fe)が作られます。**星の内部では核融合反応が次々と起こり、核融合反応によって作られる物質は重い物質ほどコアの内側に積もっていき、星のコアは玉ねぎのような構造となります。**

太陽質量の8倍以上の星の場合だと星の中で鉄が作られると説明しましたが、ここでもしかしたら、「**鉄よりも重い元素は星の中で作られないの？**」と疑問に思う方もいるかもしれません。これは中々鋭い疑問です。実は、**鉄は全元素の中で最もエネルギー的に安定していて、核融合反応で鉄よりも重い元素を**

作るよりも、鉄のままでいる方が安定に存在できます。そのため、星の内部の核融合反応では基本的には鉄までしか作られません。しかし、私たちの身の回りを見渡してみると、鉄よりも重い元素はたくさん存在します。例えば、貴重な貴金属として知られている金やプラチナも鉄よりも重い元素です。星の内部の核融合反応では鉄までしか作られないのなら、金やプラチナのような重い元素はどうやって作られるのでしょうか？ これについては、後ほど見ていきたいと思います。

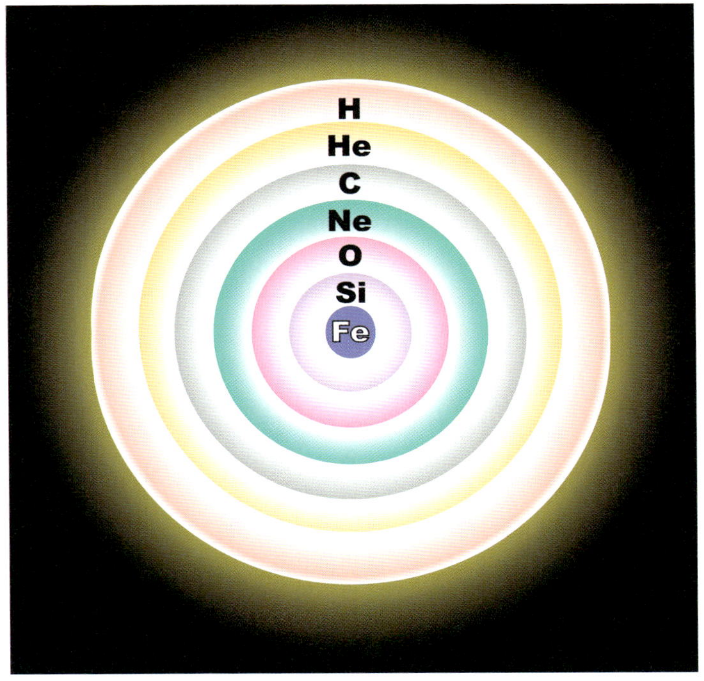

星のコアの玉ねぎ構造。より重い元素が内側のコア部分に作られていく。
©R.J Hall [CC BY 2.5]

column 4

パリでのポスドク時代の思い出

研究者にとって論文は知的格闘の末に生まれる重要な成果物であり、私にとっても特別な思い入れのある論文があります。それが、「Analyzing the 21cm signal with artificial neural network」という論文です。この研究は博士号取得後、パリ天文台でポスドクとして活動していた時に執筆しました。博士号は研究者として独り立ちするための「免許」のようなものですが、取得後は指導教官の助けを離れ、自分のアイデアだけを頼りに研究の世界で生き抜いていかなければなりません。そのため、独り立ちへの不安を抱えながら新しい一歩を踏み出した時期でもありました。

パリ天文台に着任すると、受け入れ研究者であるBenoit Semelin氏から「好きな研究をして良い」と言われました。しかしそれは、自分で研究テーマを設定し、全てを主導する責任を伴うものでした。自由と責任の間で模索しながら、最初の研究テーマを決めるのに苦労しました。そんな中、2016年に囲碁AI「AlphaGO」がヨーロッパチャンピオンに勝利したニュースを知り、「AIを自分の研究分野に応用できないか？」という発想が生まれました。当時はまだAIが現在ほど社会に浸透しておらず、このニュースはAIブームのきっかけとなる出来事でした。

そこで、先行研究を調査し、「まだやられていないこと」を探し出してアイデアを練り上げました。試行錯誤の末に完成したこの論文では、人工ニューラルネットワークを用いて21cmシグナルを解析する新しい手法を提案しました。この研究は、私の分野でAI的手法を導入した最初の試みであり、発表後は多くの注目を集め、100回以上引用されています。これは現在も私の論文で最も引用されている成果です。

博士号取得後の駆け出し研究者として不安と闘いながら、自らの力で形にした初めての論文であることから、特に思い入れの深い一作となっています。自分の研究者としての出発点を示す象徴的な論文であり、研究の醍醐味と困難を実感した貴重な経験でした。

星が死んだ後はどうなるの？

中性子星やブラックホールでみる極限天体

夜空に輝く星の最期のドラマ
超新星爆発

「死ぬときは天寿を全うし穏やかに旅立ちたい」―これは私のささやかな願いです。そんな私の願いとは正反対の激しい終焉を迎える星たちもいます。太陽の8倍よりも重い質量の星は最後に「**超新星爆発**」と呼ばれる大爆発を起こします。その**明るさは太陽数億個分程度**にもなり、銀河全体を照らし出すほどです。超新星爆発が起きると夜空に突然明るく輝く星が現れます。超新星爆発は爆発が起きたときに明るさが最大に達し、そこから数十日かけて急速に減光し、100日以上かけてゆっくり減光するのが一般的です。このように超新星爆発は発生してすぐに暗くなるので、爆発の現場を観測するのは難しいです。ただ、超新星爆発が起こると星の外層は吹き飛ばされてガスや塵の残骸である「超新星残骸」が残るため、我々は超新星残骸を観測することができます。ちなみに、ガスが吹き飛ばされて超新星爆発が広がる速度は何と秒速1万kmにも達し、これは1秒間で地球の大きさ程度広がるのに匹敵します。

有名な超新星残骸としては「**かに星雲**」があります。かに星雲は1054年に起きた超新星爆発で、藤原定家による『明月記』という文献には、突如として空に現れた明るい星（超新星爆発）についての記述があります。現在、私たちはかに星雲を観測することができますが、1000年前に生きていた人たちは、リアルタイムでかに星雲が超新星爆発を起こすのを見ていたと思うと羨ましいですね。有史以来、超新星爆発が起きたという記録はいくつか残っており、これらの文献から天の川銀河ではおよそ100年に1回程度の頻度で超新星爆発が起きていることがわかっています。1つの銀河内で100年に1回程度の頻度でしか超新星爆発が起きないので観測が難しいと思うかもしれません。確かに1つの銀河を観測しているだけでは、超新星爆発が起きる瞬間を観測するのは難しいですが、100個の銀河を観測すれば、1年に1回程度の頻度で超新星爆発を観測できる計算になります。さらに、約30000個の銀河を観測すれば、およそ1日に1回程度の頻度で超新星爆発を観測することができます。現代の観測技術では、銀河系外を観測することにより年間500個程度の超新星爆発が発見されています。

JWSTで撮影されたかに星雲
© NASA/ ESA/ CSA/ STScI/ Tea Temim (Princeton University)

超新星爆発の後に何が残るのか?
中性子星

星の質量が太陽質量の約8倍よりも重い場合、星の一生は超新星爆発によって幕を閉じるわけですが、超新星爆発を起こしたらそれで終わりなのでしょうか？　実は、星は死んだ後も興味深い運命が待っています。これは、「超新星爆発がどうして起こるのか？」にも関係している話なので、少し詳しく掘り下げて見ましょう。

星の中では鉄までの元素が核融合反応によって作られると説明しましたが、その後はどうなるのでしょう？　星の中で鉄のコアが作られた後、星のコアの温度は約100億Kまで上昇します。これは、宇宙の始まりに起きたビッグバンよりも遥かに高い温度です。ここまで高温状態になると、星のコアでは高エネルギーの電磁波（光子）が飛び交い、その高いエネルギーで鉄を陽子、中性子、電子に分解します。陽子はさらに電子と反応して中性子とニュートリノを生み出します。

ここで、星を作るときに重要なのは「星自身による重力」と「星自身による圧力」の綱引きだったことを思い出してください。鉄まで元素合成が進んだ星でもはやり、この綱引きが重要です。「星自身による重力」で星が潰れようとするのはこれまでと同じです。しかし、**星の中心部分で重力に逆らう圧力は、電子の（量子力学的な）圧力という点に違いがあります**。ただし、**鉄のコアでは電子は陽子と反応して中性子とニュートリノに変わる反応に使われている**ので、電子の数がどんどん減っていき、電子による圧力が小さくなるため重力に逆らうことができなくなります。すると、星は重力によってますます潰れていき、星の中心には中性子のコアが形成されます。しかしまだ、中性子星の周りには外層が残っています。外層は中性子のコアに落ちてきて跳ね返ります。このときに衝撃波が形成されます。さらにニュートリノのエネルギーによって衝撃波は加熱され、激しく外側に飛び出していきます。これが超新星爆発です。すなわち、超新星爆発は星の中心で中性子のコアが作られるときに外層が吹き飛ばされることによって生じる現象なのです。そして、超新星爆発の後には中性子のコアが残ります。この超新星爆発の後に残った中性子のコアは中性子星と呼ばれており、豊富な物理的な性質を兼ね備えた天体として盛んに研究されています。

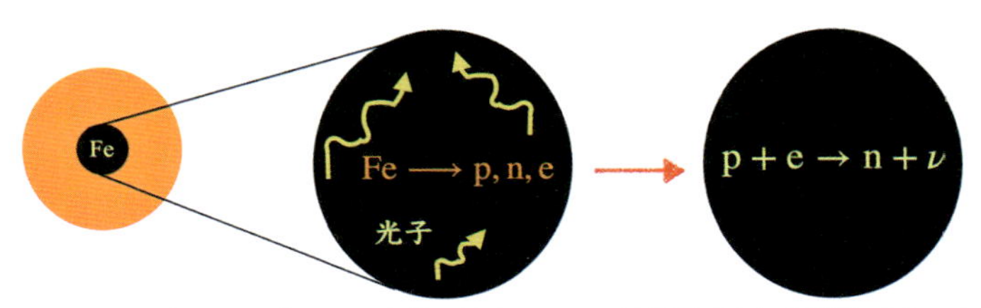

星のコアの温度は100億Kもの高温に達するので、鉄原子（Fe）は陽子（p）、中性子（n）、電子(e)に分解される。また、陽子は電子と反応して中性子とニュートリノ(ν)へと変化する。

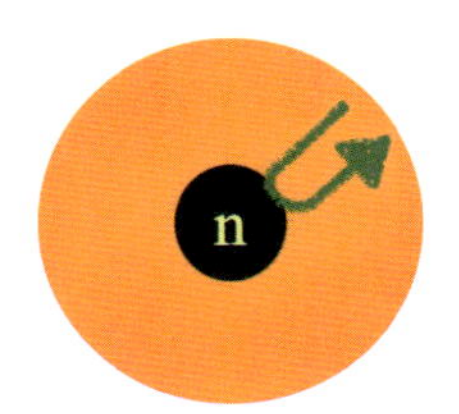

星の外層は中性子のコアに落ちてきて跳ね返り、衝撃波が形成される。この衝撃波が星の外側に飛び出していくのが超新星爆発。

我々は星のこども？　超新星爆発と生命

超新星爆発は星の最期に起きる大爆発であり、撮影された超新星残骸の数々の写真は超新星爆発が美しい天体現象であることを教えてくれます。しかし、超新星爆発はただ美しくて派手なだけではありません。私たち人類、いや、地球上の他の生命にとっても重要な役割を果たします。私たち人間の体の重要な構成成分の一つに、アミノ酸が連結してできたタンパク質があります。アミノ酸は水素や炭素、酸素、窒素などで構成されています。さて、ここで疑問ですが私たちの体を形作る水素や炭素、酸素、窒素などはどこからやってきたのでしょうか？　実は、その答えは「宇宙」です。**私たちの体を構成する元素は宇宙からやってきたのです**。より正確に言うと星からやってきました。

星の内部で起こる核融合反応によって、炭素や酸素、窒素など鉄までの元素が作られると紹介しました。これらの元素は星が核融合反応で輝いている間は星のコアに存在しますが、星の最期に起こる超新星爆発によって星間空間にばらまかれます。星間空間に撒き散らされたこれらの元素に、分子雲を構成する成分として新しく星を作る際の材料に使われます。そして、再び星が作られて核融合反応によって輝き、最後には超新星爆発を起こして元素が再び星間空間にばらまかれる…宇宙ではこのように物質が循環しているのです。そして、この物質の循環の中に私たち生命も含まれています。星間空間に放出された元素は長い年月をかけて塵やガスと混ざりあって約50億年前に太陽や地球、その他の太陽系の惑星や小惑星を形成しました。そうやって誕生した地球上では複雑な有機分子が進化し、やがて生命が誕生したのです。つまり、**私たちのルーツは星の中で作られた元素であり、私たちは「星のこども」なのです**。

宇宙での物質循環のイメージ。星間物質で星が作られ、星が超新星爆発を起こしてまた星間物質へと還っていく。
左下：NASA/CXC/M.Weiss
右下：NASA/JPL-Caltech/UCLA
上：NASA/ESA/M. Livio and the Hubble 20th Anniversary Team (STScl)

chapter 5

超新星爆発をニュートリノで観る

SN1987A が切り拓いたニュートリノ天文学

星の中では核融合反応によってエネルギーが作り出され星は輝いています。また、核融合反応によって周期表の鉄までの元素が作られ、星の中で作られた元素は超新星爆発によって宇宙空間にばらまかれることを紹介しました。さらに、超新星爆発の後には中性子星が残ることも既に紹介しました。さて、これらの反応は星の中で起きた出来事ですが、残念なことに星の奥深くは電磁波によって観測することはできません。しかし、私たちは太陽の中を調べる方法としてニュートリノを用いることを既に学びました。星が超新星爆発に至るまでの星の内部の様子もニュートリノを使って調べることはできないのでしょうか？

超新星爆発は、中性子星の周りの外層が衝撃波によって吹き飛ばされることによって起こる現象で、その際、ニュートリノによって衝撃波が加熱されます。ということは、**超新星爆発のときにニュートリノが放射されるのではないか？　そして、そのニュートリノを観測することができれば超新星爆発についての情報を得ることができるのではないか？**　と予想できます。実際にその通りで、1987年に天の川銀河から近い大マゼランで起きた**超新星爆発SN1987A**からのニュートリノを東京大学の小柴昌俊先生が率いるニュートリノ観測装置カミオカンデによって検出されました。超新星爆発の際に放出されるニュートリノを検出できたことは、星の内部構造を理解する上で大きな助けとなります。また、電磁波以外にもニュートリノを用いて天文学を行えることの意義は大きく、小柴先生らはニュートリノを用いた天文学の開拓に対する業績で2002年にノーベル物理学賞を受賞しています。現在、カミオカンデはより性能を向上させた「スーパーカミオカンデ」に進化しました。スーパーカミオカンデはカミオカンデの30倍の感度があり、天の川銀河で超新星爆発が起きた際にはより多くのニュートリノを検出することができます。なお、天の川銀河で超新星爆発が起こる割合はおよそ100年に1回程度なので、超新星爆発の際に放射されるニュートリノを検出するためには、天の川銀河以外にも遠くの銀河も観測して、超新星爆発に遭遇する確率を上げないといけません。もちろん、スーパーカミオカンデはそのような遠くの銀河からのニュートリノをも検出できる程の性能を持っています。

右の写真はSN1987Aが爆発する前の写真。左の写真はSN1987Aが爆発した後の写真。超新星爆発によって明るくなっているのがわかる。

中性子星のすごすぎる性質

超新星爆発後には中性子星が残ることを既に紹介しましたが、中性子星は物理学的に面白い性質を持っているため、天文学者や物理学者によって活発的に研究されています。中性子星は「極限天体」と呼ばれることもありますが、何が「極限」なのでしょう？

まず、中性子星の典型的な大きさは半径が約10㎞程度です。大体、JR山手線の内側に中性子星がすっぽりと埋まるくらいのサイズです。また、中性子星の質量は大体太陽と同じくらいの大きさです。つまり、JR山手線の内側に太陽程度の質量を持つ天体がすっぽりと入っている状態です。中性子星のサイズに対して質量は太陽ほどもあるので中性子星の密度はとてつもなく大きいです。中性子星の密度はだいたい1立方メートルあたり10^{17}-10^{18}kg程度です。しかしこれではピンと来ないかもしれないので身近な具体例を挙げると、スプーンに角砂糖1杯の中性子星を持ってきたらシロナガスクジラ約数百万頭程度の重さです。

高密度だけではありません。中性子星はものすごい勢いで回転しています。1秒間におよそ100回程度回転しています。地球は1日かけて1回自転しますが、中性子星の場合は1日では約864万回することになります。ちなみに洗濯機は1秒間におよそ10回転しています。すなわち、中性子星の回転数は洗濯機の約10倍なのです。中性子星並みに回転する洗濯機があれば汚れがとても落ちそうです。

また、中性子星の表面上には強力な磁場が存在しています。

その大きさは太陽の磁場の大きさの10億倍以上程度と言われています。もう少し身近な例で例えると、病院に設置されている医療検査用のMRIの持つ磁場の大きさの約1億倍程度の大きさです。

以上をまとめると、**中性子星は「超高密度」で、「ものすごい勢いで回転」しており、「強力な磁場」という極限の環境です。それが「極限天体」と呼ばれる所以なのです**。

中性子の密度はスプーン一杯に数百万頭のクジラがあるくらい重い。

中性子星のイメージ　©Kevin Gill [CC BY 2.0]

鉄より重い元素を作る方法
中性子をくっつける

中性子星がいかにすごい天体か、ご理解頂けたでしょうか？ 中性子星は色々と「激しい」性質を持っていますが、元素合成においても中性子星は重要な役割を果たすと考えられています。既に星の中では鉄までの元素が合成されることを説明しました。しかし、鉄よりも重い元素を星の中で作り出すのは難しいです。ものすごく大雑把に言ってしまうと、重い元素を作るためには原子核に陽子をどんどんくっつけて重い原子核を作れば良いです。しかし、鉄よりも重い元素では、陽子をくっつけるよりも鉄でいるほうがエネルギー的に安定なので、陽子をくっつけるのが難しいです。では、鉄より重い元素を作るにはどうしたら良いのでしょうか？ **陽子をくっつけるのは難しいのですが、中性子をくっつけるのは比較的容易であることを利用します**。陽子はプラスの電荷を持っており、原子核もプラスの電荷を持つため反発してしまい、原子核にくっつけるのが難しいですが、中性子は電荷を持たないため原子核にくっつけやすいです。もし、原子核に中性子をくっつけて、その中性子が陽子に変化するなんて反応があるならば、重い原子を作れそうだと思いませんか？ 実は、そんな反応があるのです！

「**ベータ崩壊**」という原子核反応では、中性子が陽子に変化しつつ、電子と反電子ニュートリノを放出します。原子核が中性子を捕獲して、より重い原子核を作りだす反応のことを「**中性子捕獲**」と呼びます。捕獲された中性子はベータ崩壊で陽子に変化してより重い原子核を作りますが、これには「**s過程**」と「**r過程**」と呼ばれる2つの反応があります。「s過程」のs

は「slow（ゆっくり）」で、「r過程」のrは、「rapid（急速に）」の意味です。つまり、中性子捕獲とベータ崩壊によって鉄より重い元素を作る反応は、ゆっくり起こる「s過程」と急速に起きる「r過程」があります。

さて、「s過程」に「r過程」、いずれも中性子が重要なキーワードなので、中性子捕獲で重い原子核を作るためには中性子が豊富な環境が重要そうです。そして中性子が豊富な環境と言えば、まさにこれまで紹介してきた中性子星が思い浮かびますよね。後ほど詳しく説明しますが、中性子星は鉄よりも重い元素の生成現場になっています。中性子星は高密度、強い磁場、激しい回転など「すごすぎる性質」を持つだけではなく、元素合成においても重要な役割を果たすのです。

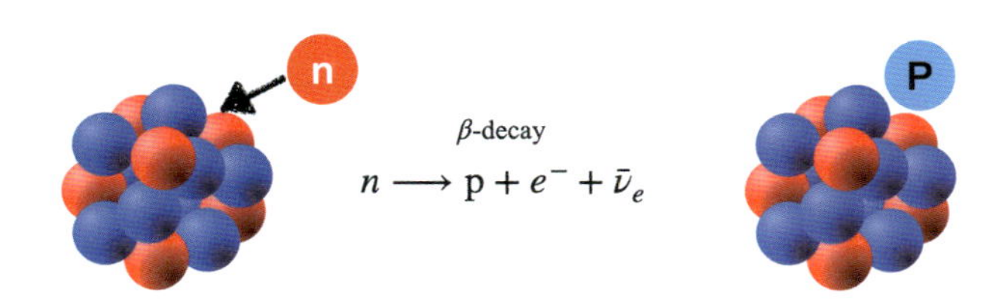

ベータ崩壊のイメージ。原子核に中性子（n）をくっつける。その後、中性子はベータ崩壊で陽子（p）、電子（e^-）、反電子ニュートリノ（$\bar{\nu}_e$）に崩壊する。ベータ崩壊を利用して原子番号を大きくする

宇宙人からの信号?
パルサーの発見

もし宇宙から時間的に規則正しくやってくる信号が届いたらどう思うでしょうか？ 「宇宙人からの信号が届いた」と思うかもしれません。1967年、イギリス・ケンブリッジ大学の女性大学院生ジョスリン・ベルは電波望遠鏡の観測データの中に非常に速い時間間隔で規則正しく変化する信号を発見しました。このシグナルはきっかり1.3373011922秒という100億分の1秒まで一致する周期で送られてくるシグナルであったため、地球外文明からの信号ではないかと考えられました。実際、宇宙人のステレオタイプ的な描写である「緑の小人（Litlle Green Men, LGM）」をもじって、「LGM-1」という名前が付けられたほどです。しかし残念ながら（?)、この信号は宇宙人からのシグナルではなく、回転している中性子星からやってきていることがわかりました。そして、このように周期的なパルス状の信号を発する天体は「**パルサー**」と名付けられました。「LGM-1」と名付けられた天体も、後に「PSR B1921+21」と呼ばれるようになりました。

その後、パルサーは続々と発見され、2024年現在では3000個以上のパルサーが見つかっています。特にオーストラリアの「パークス電波天文台」や中国の「500メートル口径球面電波望遠鏡（FAST)」などがパルサー発見に大きな役割を果たしています。現在発見されているパルサーの性質も様々であり、例えば、非常に高速で回転してパルス信号が数ミリ秒周期で発せられる「ミリ秒パルサー」なども見つかっています。また、通常の若い中性子星と比べて100倍から1000倍程度の強力な磁場を持ちながら回転している「**マグネター**」と呼ばれる天体も発見されています。

さて、ここで少し話が脱線しますが、初めてパルサーを発見したジョスリン・ベルの大学院での指導教官であるアントニー・ヒューイッシュはパルサー発見業績に対して1974年にノーベル物理学賞が授与されました。しかし、実際に電波データからパルサーを発見したジョスリン・ベルにはノーベル賞が与えられませんでした。なぜ、彼女にノーベル賞が与えられなかったのかについては物議を醸しました。しかし、例えノーベル賞が与えられなかったとしても、彼女がパルサーを発見した功績は天文学史に残る偉大なものであり、ノーベル賞では評価できないくらい価値のあることだと私は思います。

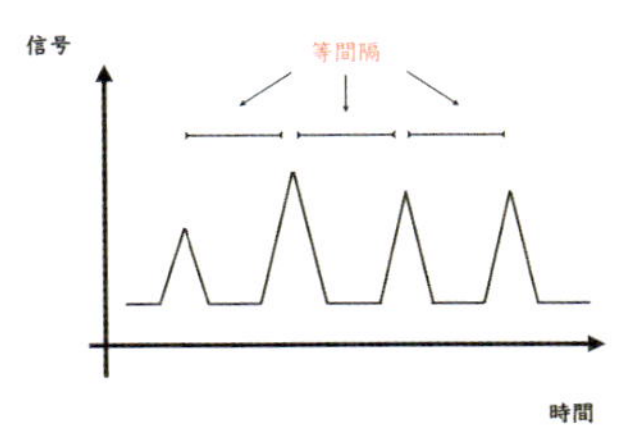

パルサーからやってくる信号。周期的に規則正しく信号がやってくる。

FAST 望遠鏡　©Absolute Cosmos [CC BY 3.0]

宇宙に存在する「黒い穴」
ブラックホール

太陽質量の8倍よりも重い星は超新星爆発を起こした後に中性子星になることを紹介しました。一方で、「中性子星のその先」もあります。中性子星は超新星爆発後に残った中性子で作られた星のコアでした。もし、この中性子のコアが太陽質量の3倍程度よりも大きい場合、さらに重力によって潰れていき「**ブラックホール**」になります。すなわち、中性子星には質量の上限があり、その上限を超えるとブラックホールになるわけです。この中性子星の質量の上限は「**トルマン・オッペンハイマー・ヴォルコフ（TOV）限界**」と呼ばれています。オッペンハイマーは原子爆弾開発プロジェクト「マンハッタン計画」を率いた人です。彼の名前はマンハッタン計画で有名ですが、中性子星やブラックホールの研究でも先駆的な業績を残しています。

ところで、白色矮星にも質量の上限があり、白色矮星の上限質量は「チャンドラセカール質量」と呼ばれることを思い出してください。質量の上限が存在する点で中性子星と白色矮星は似ていますね。質量がTOV限界を超えた中性子星は重力崩壊が止まることなくその後も潰れていき、最終的には「**特異点**」を形成します。特異点は無限に小さく、無限の密度を持つ点であり、その周囲には光すらも重力に囚われて脱出することのできない「**事象の地平線**」が形成されます。事象の地平線の内側に入ってしまうと、物質や光すらも脱出することができないため、あたかも宇宙空間にぽっかりと黒い穴が空いているように見えます。これがブラックホールと呼ばれる理由です。

さて、ブラックホールの中はどうなっているのでしょうか？光すらも脱出できない領域なので通常の電磁波を用いた方法では観測できません。それならば、物理学の理論の力を使ってブラックホールの中がどうなっているか考えていきたいところですが、特異点に関しては現在の物理学の理論では説明することができません。重力理論はアインシュタインの一般相対性理論が有名ですが、ブラックホールの特異点のようなミクロな領域の重力を説明するためには一般相対性理論だけでは不十分であり、ミクロな領域での重力理論である「量子重力理論」を完成させる必要があります。現代物理学でも理解が届かない「黒い穴」、それがブラックホールなのです。

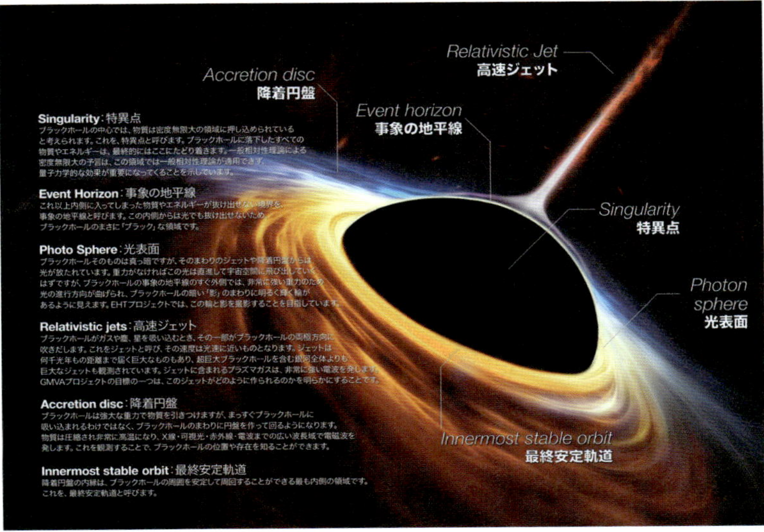

ブラックホールのイメージ　©ESO/ESA/Hubble/ M. Kornmesser/N. Bartmann〔CC BY-SA 4.0〕

chapter 5

もしも地球がブラックホールになるとしたら?

事象の地平線の内側では重力が非常に強く光すらも脱出できないため私たちは観測することできず、「黒い穴」のように見えます。それがブラックホールの名前の由来です。では、私たちが観測できる領域と観測できない領域の境目である事象の地平線は、どれくらいの大きさの領域なのでしょうか? 事象の地平線を実際に計算するためには、一般相対性理論で登場するアインシュタイン方程式を解かなければなりません。しかし、アインシュタイン方程式を解くのは一般的には困難です。カール・シュヴァルツシルトは特殊な状況(球対称で静的な質量分布)に限定はされますが、1916年に初めてアインシュタイン方程式を解きました。その解はシュヴァルツシルトにちなんで「**シュヴァルツシルト解**」と呼ばれています。

$$\mathrm{d}s^2 = -\left(1 - \frac{2GM}{c^2 r}\right) c^2 \mathrm{d}t^2 + \frac{\mathrm{d}r^2}{1 - \frac{2GM}{c^2 r}} + r^2 \left(\mathrm{d}\theta^2 + \sin^2\theta \mathrm{d}\varphi^2\right)$$

シュヴァルツシルト解。ブラックホールを記述する数式。

シュヴァルツシルト解の説明をしようと思うとそれだけで本が一冊書けてしまうくらい難しいので詳細は省きますが、シュヴァルツシルト解は一つの重要な性質を持っています。それは**事象の地平線の大きさを数式で書き表すことができる**ということです。ある質量Mを持った天体を圧縮してブラックホールを作るとき、どれくらいのサイズまで圧縮すれば事象の地平線が作られてブラックホールになるかを与えてくれる数式を「**シュヴァルツシルト半径**」と呼びます。シュヴァルツシルト半径は以下の形で与えられます。cは光速の大きさで、Gは万有引力定数です。

$$r_s = \frac{2GM}{c^2}$$

シュヴァルツシルト半径。物質の質量がわかれば簡単に計算できる。

この数式は、意外と簡単な形をしていると思った方もいるのではないでしょうか？　例えば、地球の質量の場合、約9ミリメートルまで地球を圧縮することができればブラックホールになり、太陽の質量の場合だと、約3キロメートルのサイズまで太陽を圧縮することができればブラックホールになります！もちろん、これは理論的な話であり、実際に地球や太陽を圧縮してブラックホールを作るのは技術的に困難です。また、太陽はブラックホールになるためには質量が軽すぎるため、赤色巨星を経て最終的には白色矮星になり、ブラックホールにはならないと考えられています。シュヴァルツシルト半径は簡単な計算でブラックホールになるための大きさを与えてくれるので、例えば、自分がブラックホールになるためにはどれくらいのサイズまで圧縮されないといけないか？　などを計算してみるのも面白いかもしれません。

ブラックホールを観測する！

宇宙には、光すら脱出できない「ブラックホール」と呼ばれる天体が存在します。その存在は長らく理論的に予測されていましたが、1970年代に間接的ではありますが観測的な証拠が得られました。はくちょう座X-1（Cyg X-1）というX線を放射する天体を観測すると、Cyg X-1と連星系をなす太陽質量の約20倍の質量を持つ天体が発見されました。解析の結果、太陽質量の約20倍を持つにもかかわらず小さな天体であることから高密度な星であることがわかりブラックホールと考えられるようになりました。しかし、**ブラックホールは光を放たないため、電磁波による直接観測ができません**。私たちは周囲の影響をもとにその存在を推測するしかなく、まるで状況証拠だけで犯人を特定する推理のようなものでした。

ところが、2015年に状況が大きく変わります。**2015年の重力波検出をきっかけに、マルチメッセンジャー天文学が本格的に進展しました。**アメリカの重力波検出器「**LIGO**」とヨーロッパの重力波検出器「**Virgo**」は、約13億光年彼方で起こったブラックホール同士の合体による重力波を検出しました。この合体では、太陽質量の約36倍と約29倍のブラックホールが融合し、太陽質量の約62倍のブラックホールが誕生しました。**本来であれば質量の合計は65倍になるはずですが、約3個分の太陽質量に相当するエネルギーが重力波として放出された**のです。その重力波をLIGOとVirgoは検出しました。

重力波は、ブラックホールが生み出す時空のさざ波であり、その直接的な信号です。これにより、人類はブラックホールの観測手段を拡張し、その存在をより確実に証明するとともに、理解を深めることができるようになりました。

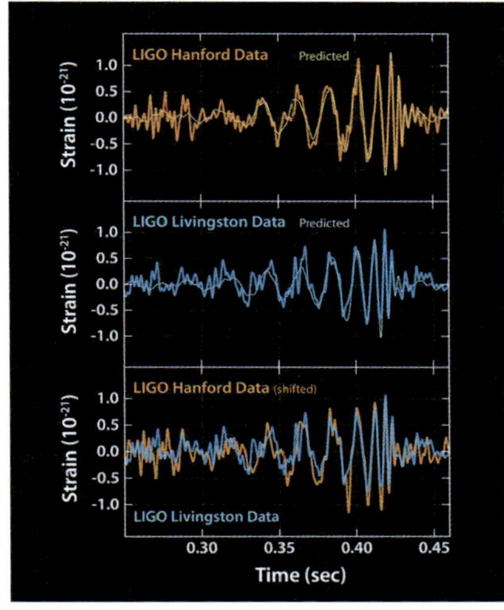

実際に検出された重力波のシグナル
©Caltech/MIT/LIGO Lab

ブラックホールと連星。ブラックホールと青色の大質量星が連星系をなしている。
© NASA/CXC/M.Weiss

重力波と電磁波で捉えた元素合成の現場

ブラックホール連星からの重力波を捉えることで、ブラックホールをより直接的に調べることができるようになりましたが、重力波を放射するのはブラックホール連星だけではありません。重力波は、高密度な天体が運動することで生じる時空の波であり、**中性子星連星やブラックホールと中性子星の連星からも放射されます**。実際に、これらの重力波も観測されています。その中でも特に注目されたのが、2017年に観測された中性子星連星からの重力波です。

鉄より重い元素を作る過程として「s過程」と「r過程」がありますが、特に「r過程」は金やプラチナなどの重元素を生成します。しかし、「r過程」が実際にどこで起こっているのかは長年不明でした。なぜなら、「r過程」による元素合成の現場が直接観測されていなかったからです。ところが、2017年に観測された中性子星連星の合体による重力波が、この謎を解く鍵となりました。中性子星連星は高密度なため、合体時に強い重力波を放射します。この重力波を検出すると、「今まさに中性子星連星が合体しようとしている」という情報が得られます。そこで、重力波の発生源に光学望遠鏡やX線望遠鏡を向けることで、中性子星同士の合体の現場を電磁波でも観測することができました。その結果、まさに「r過程」によって重元素が生成されている様子が直接確認されたのです。

この発見により、中性子星連星の合体が「r過程」の主要な現場であることが初めて証明されました。これは、重力波と電磁波の同時観測によって成し遂げられた成果であり、**宇宙を探**

る新たな手法「マルチメッセンジャー天文学」の重要性を示すものとなりました。

中性子星連星が合体するイメージ図。合体によって重力波が生み出される。
© 東北大学

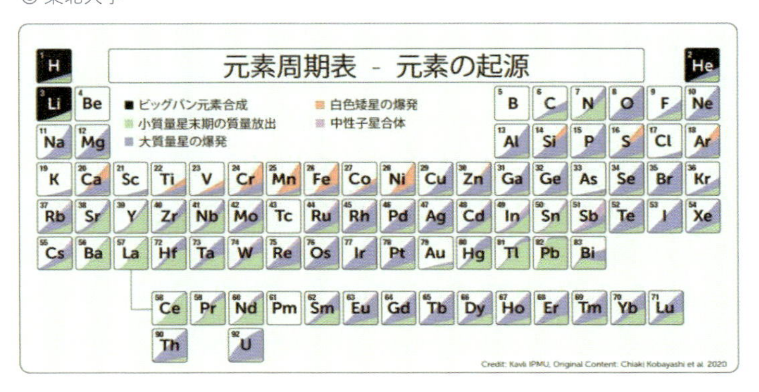

周期表に掲載されている元素が宇宙のどの現象で生じたかを表した図
© Kobayashi 2020

column 5

海外の研究会

研究者の多くは、一度は海外に行ったことがあると思います。というのも、国際研究会は海外で開催されることが多く、研究者は自分の研究成果を宣伝したり、他の海外研究者の発表を聞いたりするためです。ちなみにこのコラムもフランスに行く飛行機の中で書いています。

飛行機に乗って海外の研究会にわざわざ参加する最大の理由は「ライブ感」が大きいです。研究内容は論文を読めばわかることも多いですが、研究会で実際に自分の読んだ論文の著者と会って議論すると、論文を読んでいるときには見落としていた内容に気づくこともあります。また、現地で研究者と議論することで新しいアイデアが思い浮かぶこともあります。私もこれまでに、研究会に参加したことでアイデアを得る経験を何度もしたことがあります（ただし、残念ながらそのアイデアがすべて実を結ぶかというとそうではないですが…）。

また、海外の研究会は大学の夏休みなどの長期休暇中にリゾート地で開催されるのも少なくありません。これは、大学教員職も務める研究者にとってまとまった時間がとれるのが大学の長期休暇であること、海外では家族連れで研究会に参加する人も多いことが原因だと思われます。海外の研究会では「Excursion（エクスカージョン）」と呼ばれる遠足もプログラムに組み込まれている場合が多く、研究者やその家族達にとっても楽しめる内容となっています。夕食会も研究者同士にとっては重要な交流の場です。立食パーティー形式の夕食会では、他の研究者たちと研究や研究以外の雑談を楽しむことができます。研究以外の話を通して研究者同士の交流が促進され仲良くなるケースも多いです。このように、研究会は研究の議論を楽しむだけではなく現地の食や文化、観光を楽しむことができ、研究者同士の距離を近づける内容となっているのです。私自身もこれまでに研究会で 20 近くの国を訪れましたが、特に印象に残っているのがギリシャとクロアチアです。ギリシャでは excursion でワイン畑を訪れ、昼食後に「ビーチタイム」の時間が設けられていました。また、クロアチアは宮崎駿監督の『魔女の宅急便』に出てくる景色が広がっており、風景を楽しむことができました。もちろん、海外で開催される研究会は英語での交流がメインなので、英語の勉強は必須です。

星々のシンフォニー

銀河の謎に迫る

chapter 6

私たちの住む天の川銀河

夜空を見上げると雲状の淡い光の帯が見えることがあります。これは天の川といい、私たちが住む銀河系の一部です。天の川は英語で「**Milky Way**」と言いますが、これはギリシャ神話にて天の川がミルクの流れ出た様子に似ていることに由来しています。天の川銀河は数千億個の星や星間ガスなどによって構成されています。

天の川銀河は、銀河の中心付近から渦巻き状の腕が伸びており、その形状から「**渦巻き銀河**」として分類されています。渦巻き状の腕には星間ガスや星間塵が豊富に含まれており、これらを材料として新しい星が活発的に誕生する現場となっています。銀河を横から見ると、銀河の中心部分には「**バルジ**」と呼ばれる膨らんだ構造があり、バルジの周囲は「**ディスク**」と呼ばれる円盤状の構造が取り囲んでいます。また、銀河の中心を取り囲むように球状星団が点在しています。球状星団は数万から数百万の恒星が密集している天体で、球状星団に含まれている恒星は比較的古いものが多く、銀河系の進化や歴史を知る上で重要です。

天の川銀河は約10万光年程度の直径を持ち、私たちの住む太陽系は天の川銀河の中心から約2万5千光年ほど離れた位置にあります。太陽系は天の川銀河の中心を2億3千万年かけて一周する軌道を持っています。太陽の年齢は約50億歳なので、太陽が誕生してから現在に至るまでに銀河の中心の周りを約20周程度したと考えられています。

天の川銀河の「ご近所」にはアンドロメダ銀河があります。

ご近所と言っても、天の川銀河からは約250万光年離れているので、日常的な感覚では全然ご近所ではないのですが、宇宙スケールで考えるとこれくらいの距離はご近所です。天の川銀河とアンドロメダ銀河は数十億年後には衝突して合体し、新しい銀河・ミルコメダを形成すると予想されています。

天の川銀河は宇宙に無数に存在する銀河の一つに過ぎませんが、その中に私たちの太陽系があり、地球が存在することから、私たちにとっては特別な存在です。また、天の川銀河を詳しく調べることで、その他の銀河を研究する大きなヒントにもなるので、多くの天文学者が天の川銀河を詳細に研究しています。

天の川の写真
©pcs34560

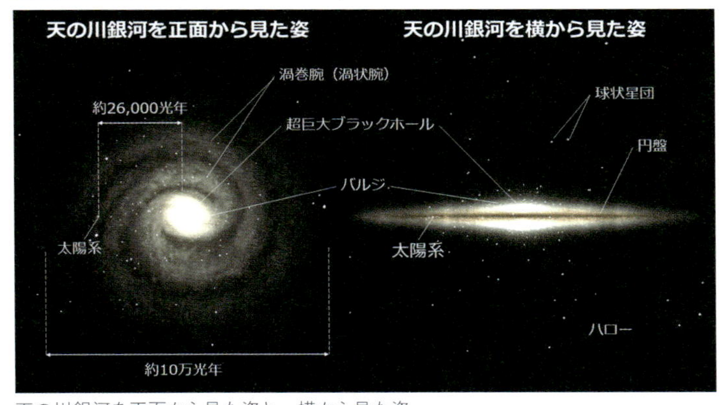

天の川銀河を正面から見た姿と、横から見た姿
© 加藤恒彦、4D2U Project、NAOJ、ALMA (ESONAOJNARO)

銀河の地図を作る

私は海外で開催される国際研究会で海外に行くことが多く、これまでに20カ国近くを訪れました。国際研究会は7~8月の夏休みシーズンにリゾート地で開催されることが多く、研究会の合間に観光を楽しむ研究者も多いです。異国の地での観光には地図が必要不可欠で、地図が無いと自分がどこにいるのか、どこに何があるのかがわからなくて困ります。

地図が無いと困るのは観光地に限った話ではありません。私たちの住む天の川銀河でも、私たちの太陽系がどこに位置しているのか、またどの方向、距離にどのような星があるのかを知るためには「**銀河の地図**」が必要です。**「銀河の地図」を作成するためには、私たちから見て星がどの方向のどれだけの距離にあるかを測定する必要があります**。しかし、本書で度々強調した通り、宇宙での距離測定は困難です。

その一方で、私たち人類は、年周視差を利用して近傍の星までの距離を直接測定し、さらにセファイド型変光星やIa型超新星といった天体の性質を利用しながら天体までの距離を測定する方法を発展させてきました。

1989年に打ち上げられた「**ヒッパルコス衛星**」は、天体の位置と年周視差を精密に測定することを目的とした衛星で、約11万個の星の位置と年周視差のカタログを作成しました。そして、ヒッパルコス衛星の後継機である「**ガイア衛星**」は、天の川銀河の三次元地図を作ることを目的とした衛星であり、約15億個の星の位置や年周視差を高精度で測定し、天の川銀河の三次元地図を作成しました。さらに、ガイア衛星はヒッパルコス衛星と比較して、天体の位置測定精度が2桁以上も良くなっており、その位置測定精度は約0.01ミリ秒角にも及びます。1秒角が「3600分の1度」であり、0.01ミリ秒角は1秒角のさらに10万分の1の大きさです。これは、100キロメートル先の髪の毛ほどの細さを識別できる測定精度です。このことから、ガイア衛星がいかに精密に夜空に見える（さらには肉眼では見えない）星の位置を測定しているかがわかると思います。

ヒッパルコス衛星（左 :©ESA/NASA）とガイア衛星（右 :©ESA）

ガイア衛星による天の川銀河 ©ESA/Gaia/DPAC

宇宙に銀河は一つだけ?
銀河を巡る論争

現代天文学では、宇宙には数千億から数兆個の銀河が存在するという見積もりもなされています。今でこそ宇宙には私たちの住む銀河系以外にも数多くの銀河が存在するというのは常識になっていますが、20世紀前半までは「宇宙に多くの銀河が存在するかどうか？」というのは天文学の重要な疑問の一つでした。

1920年には「大論争」と呼ばれる討論会が開催されました。この当時、渦巻き星雲（現在では渦巻銀河と呼ばれています）が見つかっていましたが、この渦巻き星雲が「**銀河系に含まれるのか？　それとも、銀河系の外に存在しているのか？**」というのが議論の的でした。関連して銀河系の大きさについても議論されました。この討論会で、ハーロー・シャプレーとヒーバー・ダウスト・カーチスの二人がそれぞれ講演し、それぞれの主張を軸として議論が繰り広げられました。シャプレーの主張は「**銀河系の大きさは約30万光年（約100kpc）で、渦巻き星雲は銀河系の中に含まれている**」というもので、一方、カーチスは「**銀河系の大きさは約3万光年（約10kpc）で、渦巻き星雲は銀河系の外に存在している**」というものでした。現在の観測では「**銀河系の大きさは約10万光年、渦巻き星雲（渦巻銀河）は銀河系の外に存在する**」ということがわかっており、渦巻き星雲が銀河系の外に存在するというカーチスの主張がどちらかというと正しかったわけですが、カーチスの主張した銀河系の大きさは実際の銀河系の大きさと比べて小さく見積もっています。

なお、余談ですがシャプレーとカーチスは偶然にも討論会会場のワシントンに向かう同じ列車に乗り合わせたのですが、車内では銀河の大きさや渦巻き星雲に関する議論をすることなく、花や古典について語り合ったようです。天文学者に限らず研究者は、学問的には激しく議論することはありますが、研究の議論から離れたところでは趣味や他愛もない会話で盛り上がったりすることも多いです。研究者以外の方から見たら激しい議論は喧嘩のように見えるかもしれませんが、それはあくまで議論であり人格攻撃や人格否定をしているわけではなく、議論と議論以外は切り分けて仲良くするのが普通です。この姿勢が研究者以外にも広がれば議論しやすい雰囲気が社会にも浸透するのではないかと思います。

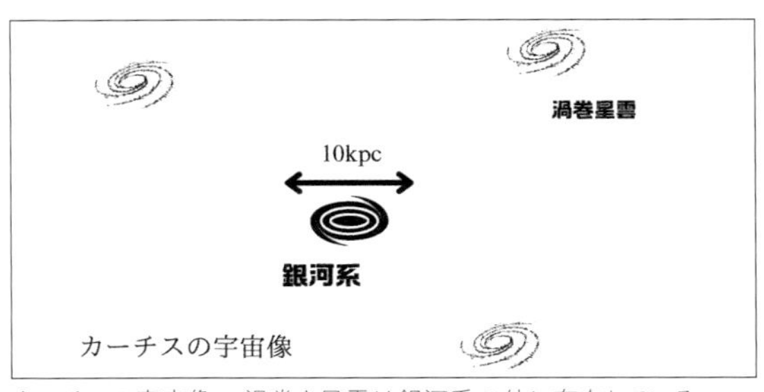

カーチスの宇宙像。渦巻き星雲は銀河系の外に存在している。

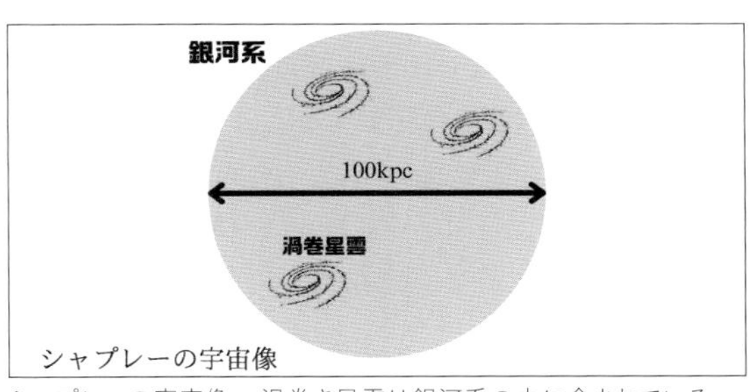

シャプレーの宇宙像。渦巻き星雲は銀河系の中に含まれている。

chapter 6

ハッブルの登場と銀河宇宙の幕開け

シャプレーとカーチスによって「渦巻き星雲（渦巻銀河）が銀河系の内側にあるのか、外側にあるのか？」という大論争が行われましたが、この論争に決着をつけるためには実際に渦巻き星雲の距離や銀河系の大きさの測定が必要不可欠です。大論争の後、**エドウィン・ハッブル**が渦巻き星雲のM31（アンドロメダ星雲）とM33の中に変光星を発見しました。変光星は距離測定に使えるという話を思い出して欲しいのですが、ハッブルはM31とM33の中に存在する変光星までの距離を測定し、これらの渦巻き星雲までの距離が約90万光年であることを示しました。シャプレーの考える銀河系の大きさは約30万光年であり、M31やM33はそれよりも遠くに存在しているため、これらの渦巻き星雲は銀河系の外側に存在していることをハッブルの測定結果は示しています。**ハッブルは銀河系の外にも銀河があることを観測的に示し、宇宙には銀河系以外にも銀河は存在するという「銀河宇宙」の考え方を切り開いたのです！**　なお、アンドロメダ星雲は現在では「アンドロメダ銀河」と呼ばれています。

私たちは銀河系の中の太陽系に存在し、夜空を見上げれば数多の星たちを見ることができます。しかし、ちょっと立ち止まって考えてみると、私たちが「銀河」の中に住んでいるという考え方は自明なことではありません。確かに夜空を見上げると星たちが輝いていますが、星たちが「銀河」という構造を形作っているという発想にすぐには思い至らないのではないでしょうか？　実際、ウィリアム・ハーシェルが現在の「銀河」

という考え方の元となる「島宇宙」の考え方を提唱したのは1786年のことです。また、私たちが住む「銀河系」以外にも銀河が存在すると思うことも自明ではありません。「私たちの住む銀河系が宇宙のすべてであり、宇宙には銀河系以外には存在しない」と考えることもできるからです。現代に生きる私たちは、「我々が数多く存在する銀河の一つである銀河系の中に存在している」という考え方を常識として受け入れています。しかし、この考え方に至るまでにはいくつもの議論と観測の積み重ねがあり、宇宙には銀河が数多く存在していることが科学的に検証されたのは高々100年前というつい最近の話なのです。

エドウィン・ハッブル　© Johan Hagemeyer

様々な種類の銀河
ハッブル分類

ハッブルはM31やM33の中にある変光星の距離を測定し、銀河系の外側にも銀河が存在することを発見しましたが、ハッブルの業績はそれだけではありません。後ほど紹介するハッブル（・ルメートル）の法則の発見など、人類の宇宙観を覆す発見を残した天文学の巨人です。さて、そんなハッブルの、一見すると地味に見える(?)業績の一つが「**銀河のハッブル分類**」です。先述の通り、宇宙には銀河系以外にも銀河が存在することが明らかになったわけですが、次は「どんな銀河が宇宙には存在するのか？」が気になります。例えば人間だったら、背の高い／低い人、ちょっとぽっちゃり／細身の人もいます。銀河も同様に「多様性」があります。**ハッブルは銀河を、大きく分けて楕円銀河、渦巻銀河、棒渦巻銀河、レンズ状銀河、いずれにも当てはまらない不規則銀河に分類しました**。ハッブル分類に基づいた銀河の形状による分類は現在でも使われています。

ハッブル分類を見ていきましょう。記号Eで表される楕円銀河は、E0からE7まで分類されます。数字が小さいほど円に近く、逆に数字が大きいほど楕円度が強くなっていきます。渦巻銀河は記号Sで表され、渦巻き部分がきつい順にSa、Sb、Scに分類されます。渦巻銀河の中でも中心部分に棒状の構造を持つ棒渦巻銀河も基本的に渦巻銀河と同様に分類されますが、記号がSではなくSBです。渦巻銀河（あるいは渦巻銀河）と楕円銀河の中間に分類される銀河として、レンズ状銀河と呼ばれ、記号S0で表されます。そして、上記いずれにも当てはまらない銀河は不規則銀河に分類され、記号Iで表されます。

ところで、ハッブル分類を見ると、あたかも楕円銀河が時間的に進化して渦巻き銀河や棒渦巻銀河に進化していくように見えますが、これは誤りです。ハッブル分類はあくまで銀河をその形状で分類したに過ぎず、銀河がどのように進化するかの情報は持っていないことに注意が必要です。

渦巻銀河と楕円銀河の例
左：NGC 4414 ©The Hubble Heritage Team (AURA/STSci/NASA)
右：NGC 4150 ©ESA/Habble

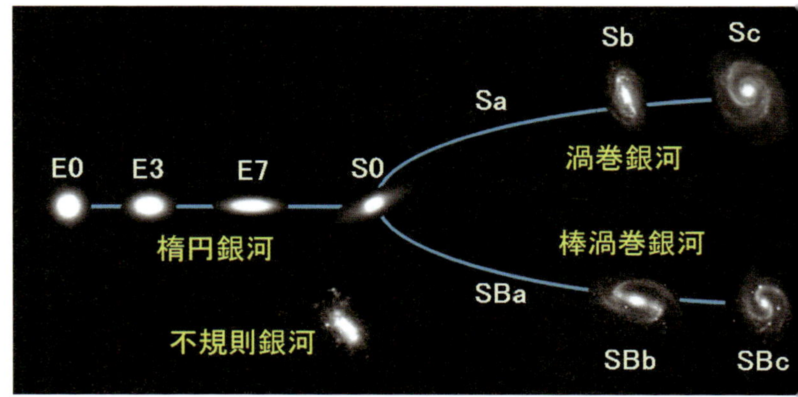

ハッブル分類　© 大阪教育大学　天文学研究室

銀河の基本的性質
質量と明るさ

体重と身長は人間を特徴づける量の一例ですが、銀河を特徴づける量は何があるでしょう？　銀河にとっても人間と同様に「質量（体重）」は重要です。例えば、私たちの住む銀河系の質量はおよそ10^{42}kgです。この数字を聞いても全く感覚が掴めませんよね。だいたい**太陽2兆個分**くらいです。いかに重いかが想像できると思います。ちなみに、銀河系には約2000億個程度の恒星が含まれています。ここで「おやっ？」と思う方もいるかもしれません。「**銀河系には約2000億個程度の恒星しか含まれておらず、他の恒星も太陽の質量と同じくらいのはずなので、銀河系の質量は太陽約2000億個分になるのではないか？**」という疑問を持つかもしれません。確かに銀河系には星だけではなくガスも含まれていますが、それにしても太陽2兆個分という銀河系の質量はちょっと重すぎます。この謎については別の節で詳しく説明するので、とりあえず今は銀河系の質量が太陽2兆個分程度と受け入れてください。銀河系以外にも宇宙にはたくさんの銀河が存在しますが、様々な質量の銀河が存在しています。矮小銀河と呼ばれる比較的小さな銀河は約100万太陽質量程度の質量で、巨大銀河の場合は約100兆太陽質量くらいあります。

銀河の質量と同じくらい重要な量は「明るさ」です。銀河の明るさはおよそ10^{10}太陽光度です。すなわち、**太陽数百億個程度の明るさ**です。こちらも質量と同じ疑問「銀河には約2000億程度の星が含まれるため、銀河の明るさも太陽数千億個程度になるのではないか？」が思い浮かびます。こちらは様々な理由がありますが、「太陽の明るさは、銀河系の中の恒星では一般的ではない」というのも理由の一つです。銀河系の中では太陽よりも暗い星が一般的であり、そういった暗い恒星の数は太陽と同じくらいの明るさの恒星よりも多く存在しています。つまり、太陽よりも暗い星がたくさん存在している影響なども考慮すると、銀河系の明るさは太陽数百億個程度の明るさになるのです。

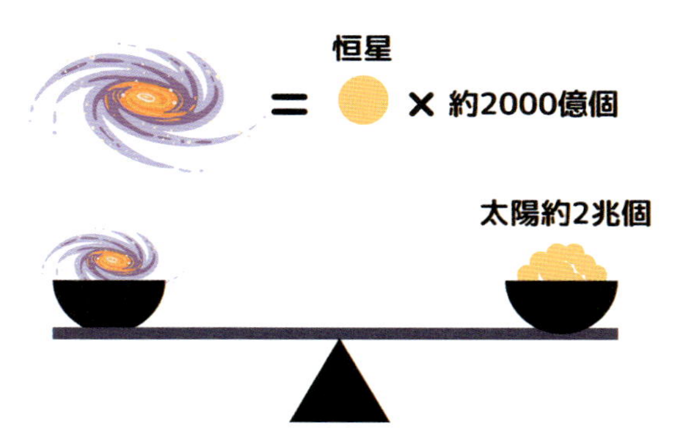

銀河全体には恒星が 2000 億個存在するが、質量を比べると銀河全体は太陽 2 兆個分の質量になる。ここでは簡単のため恒星の質量は平均して太陽の質量と同等程度と考えて計算している。銀河系では恒星ではない何かが質量の大部分を占めていることが予想できる。

chapter 6

目に見えない謎の存在
ダークマターと銀河

私たちの住む銀河系の質量はおよそ約太陽２兆個分の質量ですが、銀河の中には2000億個程度の星（太陽2000億個の質量）しか含まれていません。この違いはどこから来ているのでしょうか？　その答えは「**暗黒物質（ダークマター）**」です。電磁波で見える星たちとは別に、「電磁波では見えない謎の物質」が銀河には含まれています。ダークマターは、「**光（電磁波）では観測することができないが、質量を持った謎の物質**」です。そんな謎の物質であるダークマターはほとんどの銀河に含まれており、さらに、銀河の質量の中でも星やガスよりも大部分を占めているのです。ダークマターは1930年代にはその存在が示唆されていましたが、実際に観測的にダークマターの証拠が見つかったのは1970年代です。光では見ることのできない暗黒物質の観測的証拠をどのように捉えたのでしょうか？

キーワードは「銀河の回転と重力」です。身近な例で考えてみましょう。例えば、地球は太陽の周りを回っていますが、これは太陽からの重力で地球が引っ張られているのが原因です。**重力を通して太陽と地球は「繋がっている」**と言っても良いかもしれません。さて、重力を通して太陽と地球が「繋がっている」とき、力学の法則を使うと**太陽の周りを回転する「地球の回転速度」がわかれば太陽の質量を知ることができます**。すなわち、「（地球の）回転速度」と「（太陽の）質量」が結びついているのです。力学の法則は太陽と地球だけに当てはまるものではなく、宇宙のどこでも成り立つと考えられており、「銀河の回転」と「銀河の質量」についても同様の法則が成り立ちます。私たちの住む銀河系は渦巻き銀河であり回転しています。そこで、**銀河系の回転速度を測定することができれば銀河の質量を測定することができます**。この考え方に基づき、銀河系の回転速度を測定すると、銀河系内の星の質量だけでは説明できないくらい銀河系の質量が重いことがわかりました。この発見によって、どうやら銀河内には「星以外に質量を持った物質が存在し、重力的な影響を与えている」ことがわかり、ダークマターの観測的証拠へと繋がったのです。

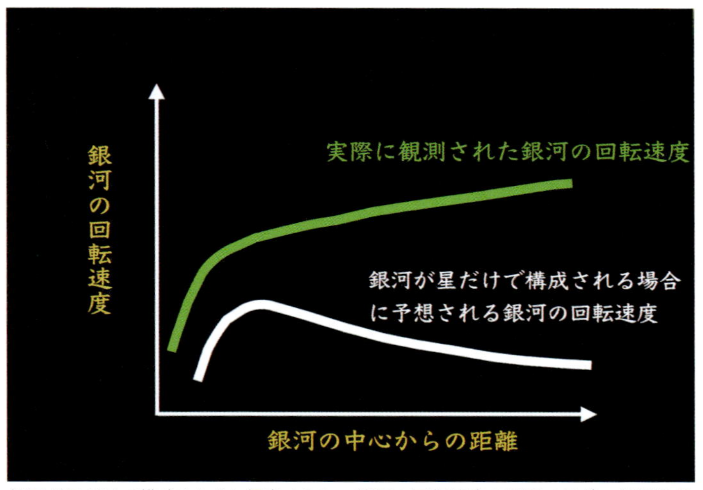

銀河が星だけで構成されると仮定すると、銀河の回転速度を説明できず、観測結果を説明するためには暗黒物質の存在が必要となる。

chapter 6

渦巻銀河の渦はどうやってできるのか?

交通渋滞との類似性

私たちの住む銀河系はハッブル分類で「SBbc」に分類される比較的緩やかな渦状構造と棒構造を持つ渦巻銀河です。ところで、渦巻銀河の渦の部分の形成の仕方は車の交通渋滞と似ていると聞いたら驚くでしょうか？

まずは交通渋滞がどうやって形成されるかを考えましょう。交通渋滞は道路上の車両が多くなると、各車両の速度が低下することで発生します。例えば、前の車両が減速すると、後ろの車両も減速せざるを得ません。すると、車両の詰まり具合（密度）が大きくなっていくことで渋滞は形成されます。渋滞は道路上で「波」のように伝播するため、渋滞を抜けるとそれまでの渋滞が嘘だったかのごとく快適に車両が運行できます。

さて、話を渦巻銀河に戻しましょう。渦巻銀河の渦の部分には回転する星やガスが渦巻き状に配置されています。銀河全体は回転しているため、星やガスも銀河中心に対して回転しています。ところが、渦巻銀河の中では所々星やガスの密度が周囲よりも高くなっている場所があります。そこでは交通渋滞のように星が密集しているため、回転している星やガスが中々通り抜けることができません。しかし、渋滞を抜ければ星やガスはまたスピードを上げて回転することができます。もうお気づきでしょうか。**渦巻き銀河でところどころ渋滞が起きて、星やガスの密度が大きくなっている場所こそが渦巻き部分なのです**。渦巻き銀河の渦巻き部分は星やガスの渋滞によって作られているのです。このような渦巻き銀河の渦巻き部分の形成を説明する理論は「**密度波理論**」と呼ばれています。交通渋滞も渦巻き銀河の渦巻き部分も、車両と星やガスの違いはあれど「密度」が重要となっているのが共通点なのです。

渦巻き銀河の渦巻き部分では星だけではなくガスも密集して「渋滞」を起こしています。星はガスから作られることを思い出すと、渦巻き部分には星を作るための「材料」が十分にあることを意味しています。実際に電波観測によると渦巻き部分で星形成が活発に起きている様子を見ることができます。

渦巻銀河。渦巻きの腕の部分の形成メカニズムは車の渋滞と似ている。
©Adam Block/Mount Lemmon SkyCenter/University of Arizona.

交通渋滞は車両の詰まり具合が「波」として伝播することで生じる。

交通渋滞発生のメカニズム

成熟の楕円銀河

私たちの住む天の川銀河（銀河系）は、典型的な渦巻き銀河の一つです。しかし、宇宙には私たちの銀河系のような渦巻き銀河だけでなく、楕円銀河といった異なるタイプの銀河も存在します。楕円銀河はその名の通り、楕円形あるいは球状の滑らかな形状を持ち、渦巻き銀河で見られるような明確な渦巻き構造は見当たりません。楕円銀河の表面は、全体的に均一で、滑らかな明るさの分布を示し、渦巻き銀河とは対照的な外観を持っています。

渦巻き銀河においては、特に渦巻き部分で活発な星形成が起こっていることが知られています。これにより、青く輝く新しい星が大量に生まれ、銀河の中で若さと活力を象徴するような光景が広がります。一方、渦巻き銀河の中央に位置するバルジと呼ばれる球状の部分には、比較的年老いた星が多く集まっています。

では、楕円銀河はどうでしょうか？　楕円銀河は渦巻銀河とは異なり、**主に古い恒星で構成されています**。これらの星の多くは、数十億年もの長い年月を経て存在しているものです。楕円銀河には新しい星形成がほとんど見られず、その結果、銀河全体は落ち着いた赤みを帯びた色調に包まれています。また、楕円銀河にはガスや塵の含有量が極めて少ないことが特徴です。ガスや塵は星形成の主要な材料ですが、それが乏しいということは、楕円銀河内で新しい星が生まれる機会がほとんどないことを意味しています。こうした特徴から楕円銀河を人間に例えると、**渦巻き銀河が元気で活発な子供だとすれば、楕円銀**

河は成熟し落ち着いた大人に相当すると言えるでしょう。

では、そんな落ち着き漂う楕円銀河はどのように形成されるのでしょうか？　楕円銀河の形成について、最も有力なシナリオは「**銀河の衝突や合体**」です。宇宙の中で渦巻き銀河同士が接近し、衝突、そして最終的には合体することで、楕円銀河が生まれると考えられています。この過程では、銀河同士が激しく干渉し合い、もともと存在していた渦巻き構造は崩れ、星々はより無秩序な運動をするようになります。その結果、楕円銀河の滑らかな外観が形成され、星形成の活動が沈静化するのです。また、衝突によってガスや塵が散逸したり、消費されたりするため、楕円銀河内での新たな星形成は極めて少なくなるのです。

楕円銀河の例（NGC 4150）©ESA/Habble

天の川銀河のご近所さんと、天の川銀河の未来

私たちが住む天の川銀河は、宇宙の中で孤立しているわけではなく、多くの「伴銀河」と呼ばれる小さな銀河が周囲に存在しています。例えば、大マゼラン雲や小マゼラン雲もその一つです。日本からは見えませんが、南半球では肉眼で観測できます。

さらに、天の川銀河の近くには「**アンドロメダ銀河**（M31）」という非常に大きな渦巻銀河があり、約250万光年の距離に位置しています。アンドロメダ銀河は天の川銀河とともに「**局所銀河群**」を構成する主要な銀河の一つであり、肉眼でもぼんやりとした光の帯として観測可能です。

現在、アンドロメダ銀河は天の川銀河に向かって接近しており、**約40億〜60億年後には天の川銀河とアンドロメダ銀河が衝突・合体して「ミルコメダ銀河」と呼ばれる楕円銀河が形成される**と予想されています。この衝突が地球に影響を与えるのではないかと心配するかもしれませんが、実際には「特に大きな影響はない」と考えられています。というのも、銀河を構成する恒星の間隔が非常に広いため、銀河同士が衝突しても星同士が直接ぶつかる可能性が極めて低いからです。もしかしたら、衝突によって太陽系の軌道が変化し、銀河内での位置が移動する可能性はあります。しかし、それが地球環境に大きな影響を及ぼすことはないと予想されています。

もし人類が40億年後も存続していれば、夜空に広がる星々の配置が変化する様子を天体観測できるかもしれません。

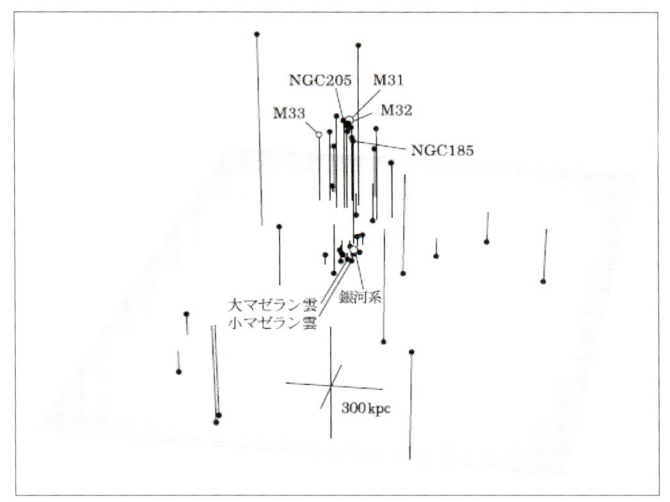

局所銀河群。 銀河系やアンドロメダ銀河（M31）の他にも小さな銀河が密集している。 © 天文学辞典（日本天文学会）

銀河系とアンドロメダ銀河が衝突する時に、 地球で見られる夜空の予想図。
© NASA, ESA, Z. Levay and R. van der Marel (STScI), T. Hallas, and A. Mellinger

銀河団
宇宙最大級の構造

銀河は宇宙における巨大な構造ですが、さらに大きな「**銀河団**」と呼ばれる構造が存在します。**銀河団は100個から1000個以上の銀河が重力によって結びついた集団であり、宇宙における最大級の重力構造の一つです**。銀河団内の銀河は互いに影響を及ぼし、衝突することもあります。

銀河団の広がりは数百万光年から数千万光年に及び、個々の銀河の100倍から1000倍もの質量を持ちます。その質量は太陽の10^{14}～10^{15}倍にも達し、銀河団の規模の大きさを示しています。

銀河団の特徴の一つは、銀河団の間に広がるガスである「銀河間ガス」が高温のプラズマ状態で存在し、X線を放射していることです。その温度は数千万度以上に達し、太陽表面（約6000度）と比較すると極めて高温であることがわかります。この加熱の要因として、銀河団形成時の銀河の衝突やガスの運動エネルギーが関与していると考えられています。

もう一つの特徴は、銀河団の質量の大部分を占めるのが「ダークマター（暗黒物質）」であることです。銀河団の質量の内訳は、約85％がダークマター、約13％がプラズマガス、残りの約2％が星であると推定されています。つまり、光として観測できる部分はごく一部にすぎません。

銀河団にダークマターが大量に含まれていることは観測でも確認されています。特に、**2つの銀河団が衝突する際、ダークマターは相互作用せずそのまま通過する一方、銀河間ガスは衝突によって停滞する現象**が観測されています。これはダークマターの存在を示す重要な証拠となっています。

JWST が撮影した、とびうお座の銀河団SMACS0723 ©NASA, ESA, CSA, STScI

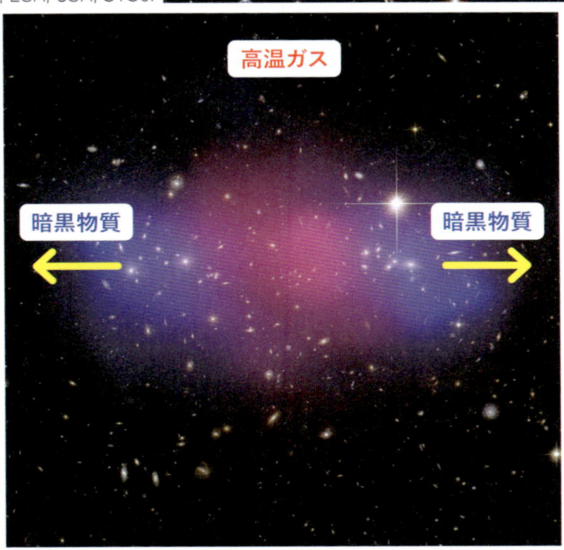

衝突する銀河団。2つの銀河団はそれぞれ矢印方向に移動していく。他の物質と反応しないダークマター（青色）は銀河衝突の際に通り抜けていくが、ガス（赤色）は衝突の際に停留する。
©NASA, ESA, CXC, M. Bradac (University of California, Santa Barbara, USA), and S. Allen (Stanford University, USA)

chapter 6

暗黒物質を「観る」方法
重力レンズ効果と暗黒物質の空間分布

「見えないモノを見ようとして 望遠鏡を覗き込んだ」

これはBUMP OF CHICKENの楽曲『天体観測』の歌詞の一節です。私も好きなこの曲ですが、天文学者の視点で考えると、この「見えないモノ」は「ダークマター」を指しているのではないかと思えます。そして、天文学者がダークマターを「見る」ために望遠鏡を覗く方法の一つが、銀河団を利用した観測なのです。

右ページの天体写真は、「ハッブル宇宙望遠鏡」によって撮影されたものですが、よく見ると歪んだ銀河の像が確認できます。これは「**重力レンズ効果**」と呼ばれる現象です。アインシュタインの一般相対性理論によると、質量を持つ物体は時空を歪め、その結果、光の経路が曲げられます。この効果によって、遠方の銀河の像が歪んで見えるのです。

銀河団にはダークマターが多く含まれています。ダークマターは光を発しませんが、質量を持っているため、重力レンズ効果に寄与します。それが右ページの図です。遠方の銀河の光が銀河団を通過する際、ダークマターを含む銀河団の重力によって光が曲げられ、私たちには歪んだ像として観測されるのです。この歪みを解析することで、ダークマターの分布や性質を推定することができます。ハワイの「すばる望遠鏡」は重力レンズを利用したダークマター研究に大きな貢献をしています。

「見えないモノを見ようとして 望遠鏡を覗き込んだ」

この歌詞は、天文学者にとっては「ダークマターを探るために、望遠鏡を覗き込み、重力レンズ効果を観測する」ことを表しているように聞こえるのです。

ハッブル宇宙望遠鏡による銀河団の写真。重力レンズ効果によって銀河の像が歪んでいる。 © Andrew Fruchter (STScI) et al., WFPC2, HST, NASA

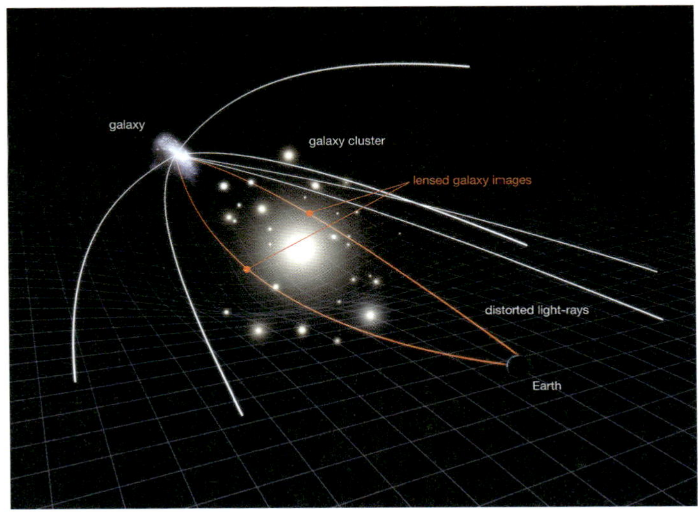

奥側の銀河から出た光の経路が、手前の地球と銀河の間に存在する銀河団の重力レンズ効果によって歪められている図。 © NASA, ESA & L. Calçada

銀河の中心には何がある？
超大質量ブラックホール

ある程度重い星は最期に超新星爆発を起こし、ブラックホールになります。私たちが一般的にイメージするブラックホールは、この「星の最期にできるブラックホール」ではないでしょうか？　しかし、ブラックホールには別のタイプもあります。それが「**超大質量ブラックホール（Supermassive Black Hole）**」です。**超大質量ブラックホールは、質量が太陽の数百万倍から数億倍にも達し、銀河の中心に存在しています**。たとえば、私たちの銀河系の中心にも「**いて座A***」（*：スター）という超大質量ブラックホールが存在しています。

銀河の中心にブラックホールがあるという考えは、電波観測から生まれました。観測により「ブラックホールが存在するかもしれない」という仮説が立てられ、その後、「いて座A*」近くの恒星の動きを長期間観測することで、「いて座A*はブラックホールである可能性が高い」と結論づけられたのです。この推測は、星の動きを観測することで裏付けられました。たとえば、地球が太陽の周りを公転している様子から、太陽という質量を持つ天体の存在がわかります。同じ原理で、「いて座A*」周辺を楕円軌道で回る星の観測から、銀河の中心に巨大な質量の天体があることが確認されました。この研究により、ラインハルト・ゲンツェルとアンドレア・ゲズは2020年にノーベル物理学賞を受賞しました。

さらに2022年には、ブラックホールの直接観測を目指す国際プロジェクト「**イベントホライズンテレスコープ（EHT）**」が、「いて座A*」の超大質量ブラックホールを撮影することに成功しました。もはや銀河の中心にあるブラックホールは仮説ではなく、直接観測される時代となったのです。天文学の進歩を実感させる大きな発見でした。

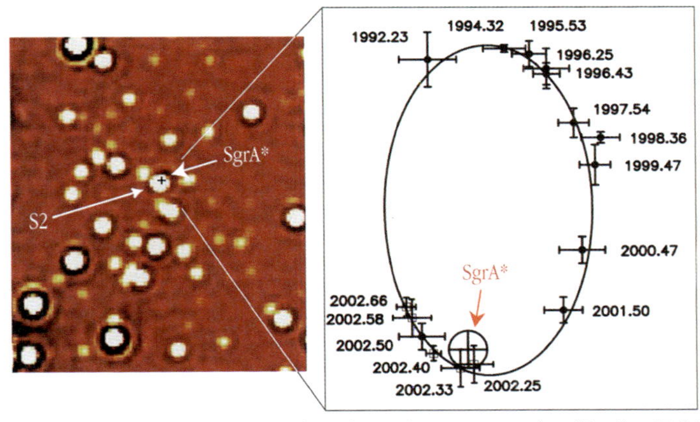

S2(S02)と名付けられた星はいて座A*（SgrA*）の周りを16年周期で楕円運動している。出典を改変 © ESO [CC BY 4.0]

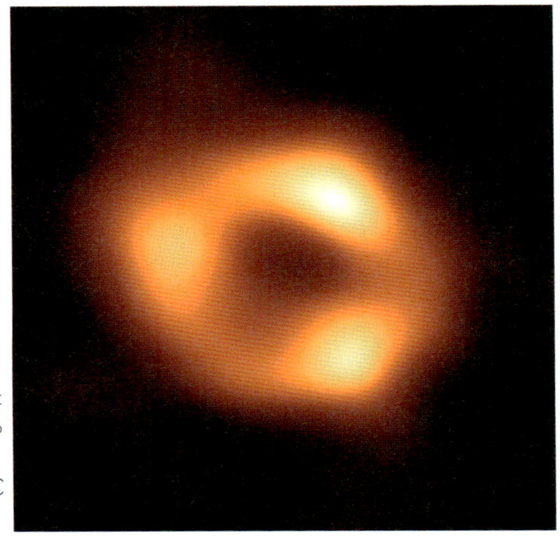

EHTにより直接観測された「いて座A*」に存在する超大質量ブラックホール © EHT Collaboration [CC BY-ND 4.0]

column 6

天文学を学びたいと思ったら

もしかしたらこの本の読者の中には中学生や高校生もいて、将来、大学で宇宙について学びたいと思う人もいるかもしれません。このコラムでは、日本の大学で宇宙について学びたいと思った中高生がこの先、どうしたら良いかについて紹介します。まず、すぐに思い浮かぶのは大学の「天文学科」への進学です。天文学科は「理学部」の下に設置されている学科で、天文学に関する教育を体系的に受けることができます。「天文学科」あるいは、「天文学コース」などを持つ大学としては、東京大学や京都大学、東北大学などがあります。私自身は、東北大学の「理学部　宇宙地球物理学科　天文学コース」で天文学の教育を受けましたが、星や銀河、宇宙論、天体物理学、天体観測など、天文学に関する授業をがっちりと受けることができました。「天文学科」以外にも、大学によっては天文学に関する授業を受けることができます。例えば、「物理学科」でも「宇宙物理学」や「宇宙論」などの授業が開講されていることも多いです。しかし、天文学を専門とする学科やコースと比べると授業の数が少ないので、大学で天文学を学びたいと思ったら、まずは「天文学科」や「天文学コース」のある大学への進学を目指すのが良いでしょう。

天文学という学問は物理学や数学、統計学、最近では機械学習（AI）などの知識に基づいて成り立っているので理系に分類されます。そのため、大学で天文学を学びたいと考えている中高生の皆さんは、特に理系科目に力を入れて勉強するのが良いでしょう。また理系科目だけではなく英語も重要です。論文を読んだり書いたり、海外の研究会での発表はすべて英語で行われるので、大学院生以上になると英語は必須と言っても過言ではありません。英語は、中学、高校からの積み重ねが重要なので、今のうちからコツコツと勉強しておきましょう。最近は高校でプログラミングの授業があるという話を聞きましたが、研究レベルになってくるとプログラミングも重要なので、例えばpythonなどのプログラム言語を習得しているとアドバンテージになるでしょう。

宇宙の始まりから未来まで

現代宇宙論入門

chapter 7

宇宙論とはどういう学問か?

ここまで、太陽や恒星、ブラックホール、銀河など色々な天体について紹介してきました。「宇宙」と聞いたら、これら天体を真っ先に思い浮かべる人も多いのではないでしょうか?一方で、これら天体は宇宙という「容器」の中に入っているという見方もできます。**宇宙という容器の起源や構造、さらには宇宙の始まりや終わりなどの時間発展を研究する分野を「宇宙論」と言います。**私自身、宇宙論を専門とする研究者です。宇宙論の目的は「**宇宙がどのように始まり、どのように進化し、そして将来的にはどうなるのか?**」を解明することです。

宇宙論の魅力の一つは「物理学の知見に基づいて理論が構築され、理論が観測によって検証される」ことにあると考えています。根拠なく「宇宙の始まりや終わり」について述べるのではなく、物理学という既に確立された土台の上で議論することができるのです。これから、宇宙論の重要トピックについて紹介していきますが、例えば宇宙論の中心的な理論の一つに「**ビッグバン理論**」があります。この理論によれば、宇宙には始まりがあり、しかも始まりの宇宙は高温で高密度だったことが理論的に予言されています。その後、宇宙は膨張を始め、その過程で現在のような広がりと構造を持つようになったとされています。「宇宙の始まり」と聞いて、何か壮大なおとぎ話のように感じるかもしれませんが、おとぎ話ではなく、物理学の知識に基づいて議論される科学の問題なのです。そして、ビッグバン理論は様々な観測によっても確かめられています。

また、宇宙論で大きな研究テーマの一つに「**暗黒物質と暗黒**

エネルギー」があります。これらは、未だにその正体が解明されていない宇宙の大部分を占める物質とエネルギーです。さらに、ビッグバンが起こる前の宇宙はどうだったのか？　というのも多くの人が気になる疑問です。

　このように、宇宙には星や銀河だけではなく、多くの謎や疑問が詰まっています。それらを研究する宇宙論についてこれから紹介していきたいと思います。

宇宙という入れ物の中に天体が詰まっている

chapter 7

一般相対性理論が予言する宇宙

宇宙は未来永劫安定なのか?

この本の前半に出てきた「アインシュタイン方程式」を皆さん覚えているでしょうか？

$$R_{\mu\nu} - \frac{1}{2}g_{\mu\nu}R + \Lambda g_{\mu\nu} = \frac{8\pi G}{c^4}T_{\mu\nu}$$

もう一度、おさらいするとアインシュタイン方程式は「**物質(エネルギー)によって時空が曲げられ、時空の曲がりこそが重力である**」というのを数式で表したものでした。

中国の古代の書物の中で「宇宙」という文字が「空間と時間」を意味しているという記述があるとされている事からもわかる通り、宇宙とは「空間と時間＝時空」であり、時空を記述するアインシュタイン方程式は宇宙自身の振る舞いですら決めることができます。

ロシアの物理学者であるアレクサンドル・フリードマンはアインシュタイン方程式を宇宙そのものに適用し、宇宙自身の振る舞いを記述する「**フリードマン方程式**」を導き出しました。そして、このフリードマン方程式を解けば宇宙の時間的な進化についての解が得られます。つまり、宇宙の将来についても教えてくれるのです！　フリードマン方程式を解くと宇宙の将来のいくつかの可能性について教えてくれますが、大きく分けると「**宇宙はずっと膨張しつづける**」と「**宇宙は収縮する**」です。「宇宙が膨張する」とは、文字通り、宇宙のサイズがどんどん大きくなっていくことを意味します。今日よりも1年後の宇宙のサイズのほうが大きいし、1億年後よりも10億年後の宇宙のサイズが大きいといった具合です。その逆に、「宇宙が収縮する」とは、宇宙のサイズは時間が経過するとともにどんどん小さくなっていくというものです。「宇宙が膨張する」あるいは「宇宙が収縮する」という考え方は当時、大変な衝撃でした。というのも、20世紀初頭まで科学者達は宇宙が静的で永遠に変わらないものだと考えていたからです。ニュートンの万有引力理論に基づくと、宇宙は無限に広がっており、時間的にも空間的にも不変だと考えられていましたし、宗教的な観点からも「静的な宇宙」が一般的だったからです。

とはいえ、フリードマン方程式はあくまで理論的な方程式であり、実際の宇宙が膨張するのか、収縮するのか、はたまたずっと変わらないものなのかは、観測によって宇宙に問うしかありません。ここでもハッブルが大きな貢献を果たします。

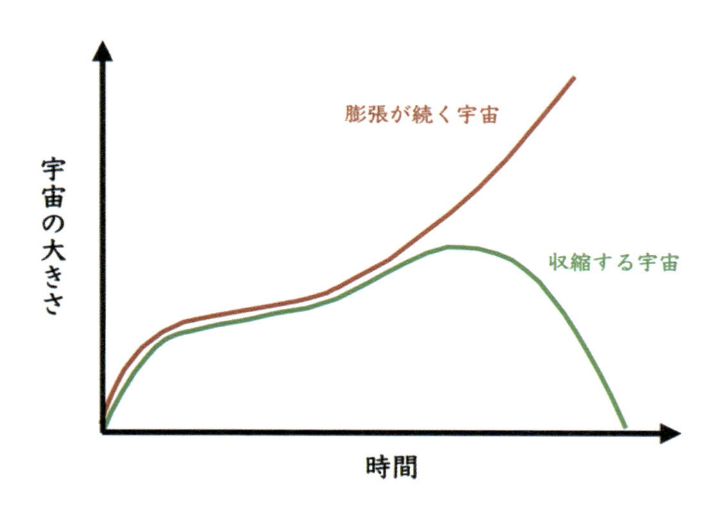

宇宙の将来。横軸は時間で右に行くほど未来を表している。縦軸は宇宙の大きさ。赤線は膨張する宇宙のシナリオで、緑線は宇宙が収縮するシナリオ。

chapter 7

宇宙は膨張している！
ハッブル・ルメートルの法則

ハッブルは、宇宙には私たちの住む銀河系だけではなく他にも銀河が存在することを観測によって明らかにし、「銀河宇宙」の考え方を確立した偉大な天文学者の一人であること既に紹介しました。しかし、ハッブルの業績はこれだけではありません。宇宙には銀河がたくさんあることを発見したハッブルは、「銀河までの距離」と「銀河が地球から遠ざかる速度」の間に、以下に示すシンプルな関係が成り立つのを発見しました。

$$v = H_0 \times d$$

これを言葉で表すと「（銀河が地球から遠ざかる速度）＝（定数）×（銀河までの距離）」であり、この発見の意味は「**遠くにある銀河ほど速い速度で地球から遠ざかっている**」ということです。この法則はジョルジュ・ルメートルも独立して発見したことが近年わかっており、現在では「**ハッブル・ルメートルの法則**」と呼ばれています。また、H_0は「**ハッブル定数**」という名前が付いています。

「遠くにある銀河ほど速い速度で地球から遠ざかっている」という「ハッブル・ルメートルの法則」は、宇宙が膨張しているしていることの観測的証拠を提供しました。「単に遠くにある銀河ほど銀河の固有速度が速いだけであり、宇宙膨張は関係ないのでは？」と思うかもしれませんが、銀河の固有速度では「ハッブル・ルメートルの法則」を説明できず、観測結果を説明するためには宇宙が膨張していると考えるしかありません。

「ハッブル・ルメートルの法則」の発見により、宇宙の膨張が観測的に明らかになったことは当時、大きな衝撃を与えました。アインシュタインも「宇宙は静止している」と考えていたので、大きな衝撃を受けたと言われています。

「宇宙が膨張している」という観測事実が衝撃的なのは言うまでもありませんが、「宇宙が膨張している」という事実は、新たな疑問を呼び起こします。「宇宙が膨張しているということは、過去の宇宙ほど小さかったということなので宇宙の始まりは小さかったのでは？　さらに宇宙はある1点で始まるのでは？」という疑問です。「宇宙は変わることなく、ただ存在しているだけ」と考えられた時代に、「宇宙には始まりがあった」というアイデアは非常に衝撃的でした。「ハッブル・ルメートルの法則」は宇宙が膨張していること、さらには宇宙に始まりがあるという全く新しい宇宙像へと繋がっていきました。

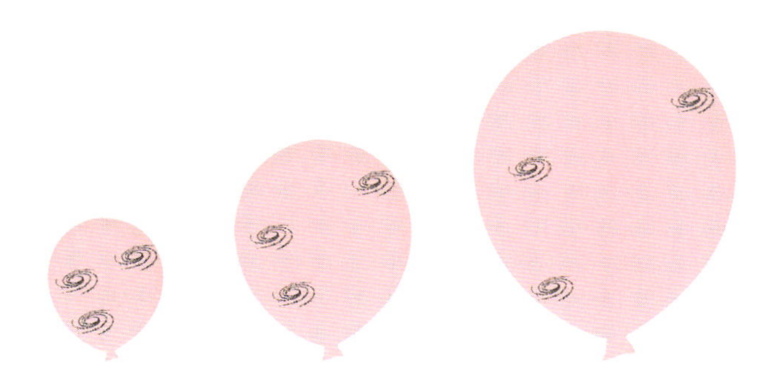

宇宙膨張のイメージを風船の表面を使って説明。風船の表面に銀河が乗っているとすると、風船の膨張（=宇宙膨張）によって銀河同士の距離が遠ざかる。

過去の宇宙は熱かった！
ビッグバン理論

「ハッブル・ルメートルの法則」の発見により、宇宙は膨張していることがわかりましたが、宇宙の膨張から「宇宙は過去に行くほど小さかった」という考えをより掘り下げて議論したのは、ジョージ・ガモフたちです。ガモフたちは「**宇宙は過去に行くほど小さかった。ということは、現在の宇宙に存在している星や銀河（の材料）が初期宇宙にはギュウギュウに押し込められていたはずだから、初期宇宙は熱かったはず**」と考えたのです。これは身近な例で例えると、満員電車の中に人をギュウギュウに押し込めると暑苦しいのと似ていますね。ガモフはさらに思考を押し進めて、「初期宇宙は高温で、さらに高密度だった」と考えました。これが「火の玉宇宙モデル」と呼ばれ、現在では「**ビッグバン理論**」として有名な理論です。

宇宙にちょっと詳しい人ならば「ビッグバン理論」という名前を耳にしたことがあるかもしれません。しかし、ビッグバン理論は意外と誤解されることも多い理論です。「宇宙はある一点でビッグバンという爆発によって始まった」というのがビッグバン理論だと思う人もいるかもしれませんが、これは誤りです。ビッグバン理論とは、正確には「**初期宇宙はいたるところで高温・高密度だった**」という理論であり、「宇宙はある一点での爆発によって始まった」というわけではなく、宇宙が「素粒子からなる高温のスープ状態」と考えます。

ちなみに「ビッグバン」という名前はガモフたちが言い出した用語ではありません。「ビッグバン」の名付け親はフレッド・ホイルという天文学者です。ホイルらはビッグバン理論に対抗する理論として「定常宇宙モデル」を提唱しました。「定常宇宙モデル」はビッグバン理論とは異なり宇宙の始まりを必要としない理論です。ホイルは、ラジオ番組の中で、自分たちの提唱する「定常宇宙モデル」と異なるガモフたちの理論を「ビッグバン理論」と呼び、それを面白がったガモフが自分たちの理論を「ビッグバン理論」と呼び始めたので、何とも皮肉な話ですね。

ビッグバン時の宇宙は「高温のスープ状態」だった。

chapter 7

宇宙3分間クッキング
ビッグバン元素合成

ビッグバン理論は「宇宙に始まりがあり、初期の宇宙はいたるところで高温・高密度だった」という理論です。では、高温・高密度の初期宇宙で何が起きたのでしょうか？　まず、ビッグバンからおよそ1秒後の宇宙は約100億度くらいであったと理論的に考えられています。太陽表面の温度が約6000度、太陽の中心温度ですら約1500万度なので、いかにビッグバン時が高温だったのかわかります。**このときの宇宙はあまりに高温であるため原子もバラバラとなっており、陽子や中性子、電子が自由に飛び回っていました。**

しかし、宇宙は膨張しているので膨張とともに宇宙の温度は下がり、ビッグバンからおよそ3分が経過したときには宇宙の温度は約1億度～10億度程度まで温度が下がります。すると陽子や中性子が結合して原子核を形成します。**手始めにまず水素が作られます。**水素の原子核は陽子1個のみなので一番簡単な構造ですね。その後に、**陽子と中性子が結びついて重水素が作られます。**このとき、光子（電磁波）も一緒に生成されます。重水素の原子核は陽子と中性子1個からなります。さらに原子核反応が進むと、**重水素を材料として陽子2個と中性子2個からなるヘリウム原子核が作られます。**このときも同様に光子が生成されます。

水素やヘリウムは比較的身近な物質ですが、**現在宇宙に存在する水素やヘリウムの多くはビッグバン時に作られました。**身近な物質が実は宇宙の最初の頃に作られたというのはロマンを感じませんか？

　ビッグバン時の約3分間の間に、水素やヘリウム、微量のリチウムやベリリウムなどの元素が作られる出来事を「**ビッグバン元素合成**」といいます。ビッグバンとは、単に宇宙が高温で高密度だったというだけではなく、水素やヘリウムなどの原子を作る「元素製造の現場」でもあったのです。

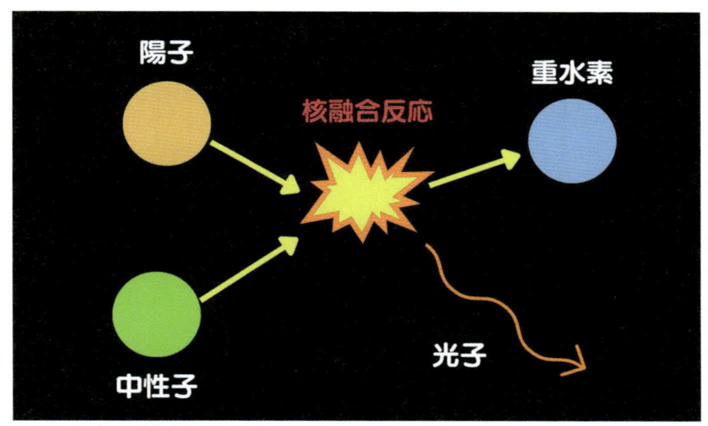

陽子と中性子が核融合反応を起こして重水素が作られる。一緒に光子も生成される。

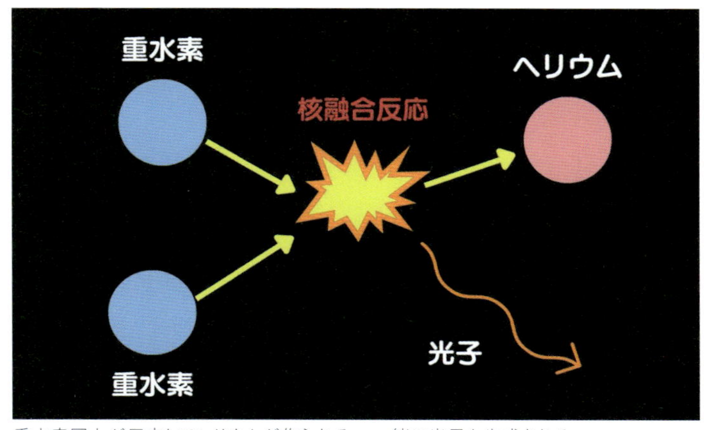

重水素同士が反応してヘリウムが作られる。一緒に光子も生成される。

chapter 7

ビッグバン理論を確かめるには？

ガモフたちが提唱したビッグバン理論は「**宇宙には始まりがあり、宇宙初期は高温で高密度だった。そんな高温・高密度な宇宙で水素やヘリウムなどの元素が作られた**」というものでした。しかし、当時、ビッグバン理論はあくまで宇宙を説明する理論の1つに過ぎず、対抗馬として「定常宇宙論」もありました。すると、どの理論が本当の宇宙を説明しているのかを調べるためには宇宙自身に尋ねるしかありません。自然科学ではある理論の真偽を確かめる方法として、「理論が予言する現象を実験や観測によって確かめる」というのがあります。理論の予言する現象が実際に実験や観測によって確かめることができれば、暫定的に理論の妥当性が認められ、逆に確かめることができなければ、その理論はどこかに誤りがあるのではないかと考えます。ビッグバン理論を検証するためには、ビッグバンが予言する現象を実験や観測によって確かめる必要がありますが、ビッグバン理論は何を予言するのでしょう？

ビッグバン理論が予言する現象には大きく2つあります。まず1つ目が「**ヘリウムの存在量**」です。ビッグバン元素合成では水素やヘリウムが作られると紹介しましたが、ビッグバン理論は、ビッグバンで生成された物質の約75%が水素、約25%がヘリウムであることを予言します。そして、2つ目が「**宇宙背景放射の存在**」です。ビッグバンはある一点で起きるのではなく、宇宙全体で起きているという話は既に紹介しました。それはつまり、宇宙のいたる場所でビッグバン元素合成が起きており、水素や重水素、ヘリウムの生成が行われたことを意味しますが、**重水素やヘリウムが生成される際、一緒に光子（電磁波）も生成されていました。つまり、ビッグバンの名残として宇宙のいたる場所にビッグバン時に生成された光子が存在しているはずです**。このようなビッグバン時に生成された、宇宙全体に充満している光子のことを「**宇宙背景放射**」と言います。

以上が主に、ビッグバン理論の予言する現象で、これらを観測的に確かめることができれば、ビッグバン理論を支持する根拠となります。結論から言うと、「ヘリウムの存在量」、「宇宙背景放射」の両方とも観測によって確認され、ビッグバン理論を支持することになりました。特に「宇宙背景放射」の観測の果たした役割はとてつもなく大きいので、次以降で詳しく見ていくことにします。

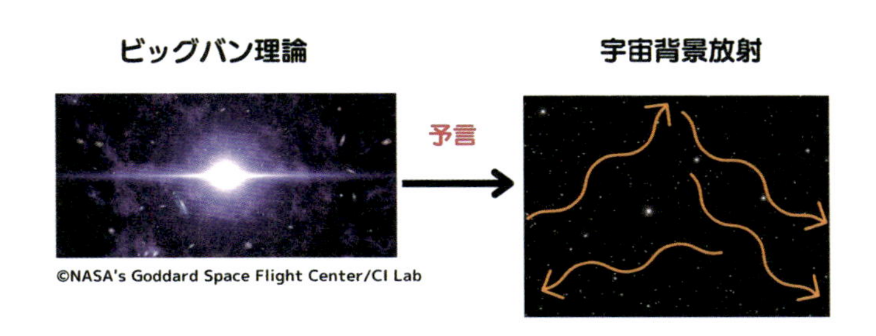

ビッグバン理論は、宇宙のいたるところに存在する宇宙背景放射の存在を予言する。ビックバンが起こった際に生成された光子（電磁波）のことを宇宙背景放射と言い、これを観測することができれば、ビックバン理論を指示する根拠となる。

偶然見つかった宇宙からのノイズ
宇宙マイクロ波背景放射の発見

1960年代にはビッグバン理論が予言する宇宙背景放射の存在を確認する実験計画が米国・プリンストン大学の物理学者たち、特にロバート・ディッケとジェームズ・ピーブルスらによって進められました。しかし、同時期、意外な場所で驚きの発見が起こります。

1964年、米国の通信研究所であるベル研究所の2人の技術者、アーノ・ペンジアスとロバート・ウィルソンは新しいマイクロ波アンテナを使って宇宙からの電波を研究していました。彼らの研究目的は通信状況の改善のためであり、宇宙の研究を意図したものではありませんでした。実験の最中、**彼らはどの方向を向けてもアンテナが絶え間なく「雑音」を拾ってしまうことに気づきました。**最初は、この雑音がアンテナの不具合や周囲の影響に由来すると考え、徹底的にアンテナや周辺環境について調べました。アンテナに付着した鳩のフンの影響も疑い、鳩の巣を掃除したりもしました。しかし、様々な要因を調べてもこの「雑音」が消えることはありませんでした。それもそのはずで、**実はこの「雑音」こそ宇宙からやって来る宇宙背景放射だったからです。**

ビッグバンは宇宙のいたる場所で起こったため、その時に作られた光子（宇宙背景放射）は宇宙のいたる場所に存在しているだろうという理論予想について既に紹介しましたが、ペンジアスとウィルソンが発見した「雑音」が空のあらゆる場所からやってくる事とも辻褄があっています。こうして発見された「雑音」についてピーブルスらプリンストン大学の研究者たちと共同研究を行い、1965年、宇宙背景放射の発見が正式に発表されました。ビッグバンの名残である宇宙背景放射の発見は、ビッグバン理論の強力な裏付けとなり、この発見以降、ビッグバン理論が標準的な宇宙理論として受け入れられていくのです。

　ペンジアスとウィルソンは、宇宙背景放射の発見による業績で1978年にノーベル物理学賞を受賞しました。また、ピーブルスも2019年に宇宙論研究への貢献に対してノーベル物理学賞が与えられました。

ペンジアスとウィルソン、そして宇宙背景放射を検出したアンテナ。

宇宙マイクロ波背景放射の観測が発展させた現代宇宙論 1

ペンジアスとウィルソンによる宇宙背景放射の発見後も研究は進み、現在では特にマイクロ波領域が強いため「**宇宙マイクロ波背景放射**（**Cosmic Microwave Background**）」と呼ばれています（通称：CMB）。1989年にNASAがCMB観測専用衛星「COBE」を打ち上げ、1990年代に大きな成果を得ました。COBEの観測により、**宇宙のあらゆる方向でCMBの温度が約2.7Kでほぼ一定であることが確認されました**。CMBはビッグバン時に生じる光子（電磁波）です。ビッグバンが宇宙のあらゆる場所で起きていれば、当然、CMBの温度も宇宙のあらゆる場所で同じ値になるはずなので、COBEの観測結果はビッグバンが宇宙のあらゆる場所で起きていたことを強く支持するものです。

COBE衛星
©NASA/COBE Science Team

さらに、COBEの測定したCMBのスペクトルは、ビッグバン理論が予言する黒体放射のカーブと完全に一致し、理論の正しさをより一層裏付けています。こうした結果は、ペンジアスとウィルソンの先行する発見を確固たるものとし、ビッグバン理論への信頼性を高めました。しかし、研究者たちが最も注目したのは、CMBの温度がほぼ一様でありながら、わずかに揺らぎがあるという観測結果です。次に紹介するこの「CMBの温度揺らぎ」の発見は、ビッグバン理論をより深く理解する上で重要な鍵となりました。

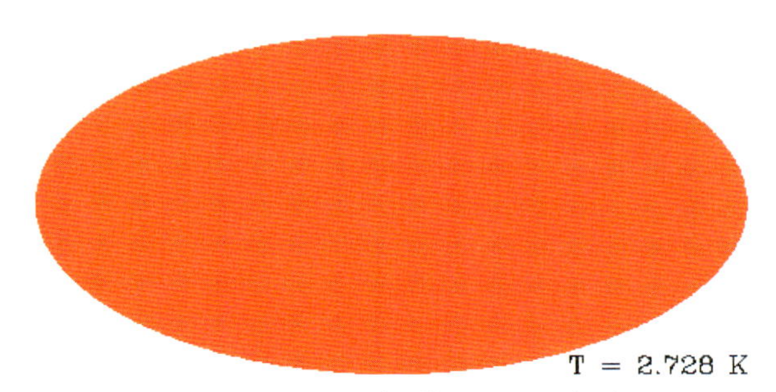

空のどの方向を見ても、CMB の温度は約 2.7K でほぼ一定
©NASA/COBE Science Team

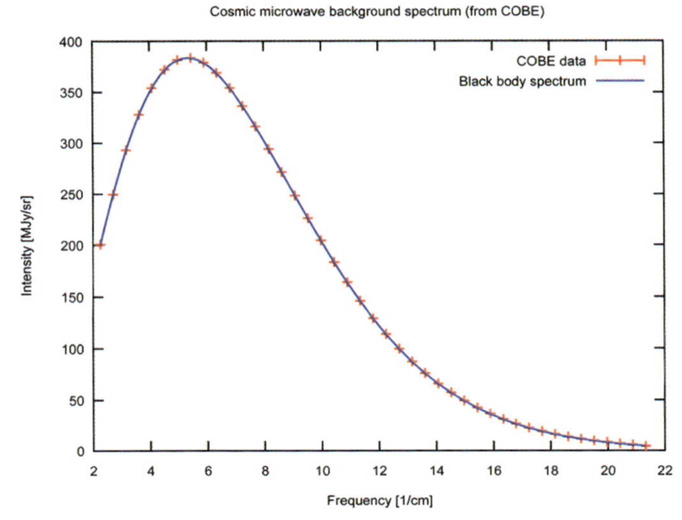

ビッグバン理論が予言する CMB 信号の強さ(青線)と COBE によって観測された値(赤色)。横軸は周波数で、縦軸は信号の強さ。COBE による観測は理論予言とよく一致している。 ©Quantum Doughnut

宇宙マイクロ波背景放射の観測が発展させた現代宇宙論 2

先ほど、COBEはCMBの温度は宇宙のあらゆる場所で約2.7Kで「ほぼ」一定であることを発見したと書きました。「ほぼ」とカッコ付きで書いているのが気になった読者の方もいるかと思いますが、このことについて少し詳しく見ていきたいと思います。

空を見上げてCMBの温度を測定したら温度は2.7Kでほぼ一様ですが、より詳細に温度を測定すると、**場所によってCMBの温度は異なり、温度にムラがあるということをCOBE衛星は測定しました。**COBE衛星による測定で、**CMBの温度には場所によっては約10万分の1程度の温度の「揺らぎ」があることがわかったのです。**「10万分の1程度の温度揺らぎ」とはどういうことかと言うと、ある場所AではCMBの温度が2.72000Kだとすると、別の場所Bでは2.72001K程度の違いがあるということです。

これだと、少しわかりづらいと思うので、もう少し日常的な例で説明してみましょう。日本人男性の平均身長は大体170cmくらいです。この身長に対して10万分の1の大きさというのは、0.017mmです。これはだいたい髪の毛1本分程度の太さです。「CMBの温度がどこを見ても2.7Kでほぼ一様だが、10万分の1程度の揺らぎがある」というのは、身長の例で考えると、「**日本人男性全員の身長が約170cmだけど、よく見たら、髪の毛1本分程度の身長の違いがある**」程度の違いなのです。この例からもCMBの温度がほぼ一様で、10万分の1程度しか温度の揺らぎがないことがいかに特殊な状況なのかわかるのではないでしょうか？

CMBの温度に10万分の1程度の温度揺らぎがあることは、その後の現代宇宙論の発展に対して大きな意味を持ちます。COBE衛星はCMBの温度揺らぎの測定（＋その他の測定結果）の業績が認められ、COBE衛星のプロジェクト代表者であるジョン・マザーとジョージ・スムートに対して2006年にノーベル物理学賞が与えられました。宇宙背景放射を初めて発見したペンジアスとウィルソン、宇宙背景放射を含む宇宙論の理論的基盤を構築したジェームズ・ピーブルス、そしてジョン・マザーとジョージ・スムート、宇宙背景放射の研究に対して3つのノーベル物理学賞が与えられたことからもわかる通り、宇宙背景放射が宇宙論研究の中でいかに重要な意味を占めるかがわかりますね。

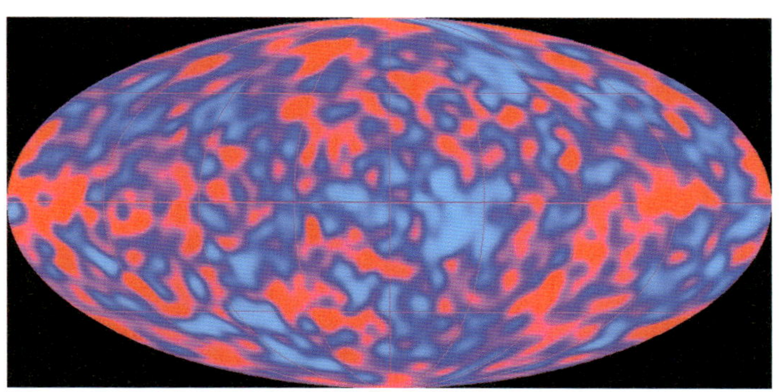

CMBの温度は場所によってわずかに異なり、温度にムラがある。©NASA/COBE Science Team

宇宙マイクロ波背景放射の観測が発展させた現代宇宙論 3

COBE衛星は、宇宙背景放射（CMB）の温度揺らぎを初めて観測し、宇宙初期の姿に関する重要な手がかりをもたらしました。その後、2003年にNASAが**WMAP（Wilkinson Microwave Anisotropy Probe）**衛星を打ち上げ、2013年には欧州宇宙機関（ESA）の**Planck衛星**が観測を行うことで、CMB温度揺らぎの全天マップがさらに高い空間分解能で作成されました。右の写真を見てもわかる通り、これは、メガネをかけたら視力が向上するのと同様に、より微細な構造を捉えられるようになるという意味で、「メガネをかけたCMB探査衛星」と呼べるほどの飛躍的な進歩です。こうした高精度観測データを解析して得られるのが、**CMB温度揺らぎのパワースペクトル**です。これは広い空間スケールから狭い空間スケールにわたる揺らぎの強度を表しており、グラフ上では縦軸が温度揺らぎの大きさ、横軸の右側ほど狭い空間スケールを示します。複数のピークが見られ、それらの高さや位置に宇宙論的情報が詰まっています。

これらのピークの解析によって、例えば**宇宙の年齢が約138億年であることや、ダークエネルギーやダークマターを含む宇宙の構成比率**など、きわめて重要なパラメータを精密に求めることができました。理論的には大学院レベルの知識が必要とされる内容ですが、得られた結果を踏まえて現代宇宙論の基盤となる「**ΛCDM理論**」が確立され、私たちの宇宙観は飛躍的に発展するに至ったのです。CMB温度揺らぎの観測は、まさにこの標準理論の形成に大きく貢献しており、人類が宇宙の成り立ちや進化を深く理解するうえで不可欠な柱となっています。

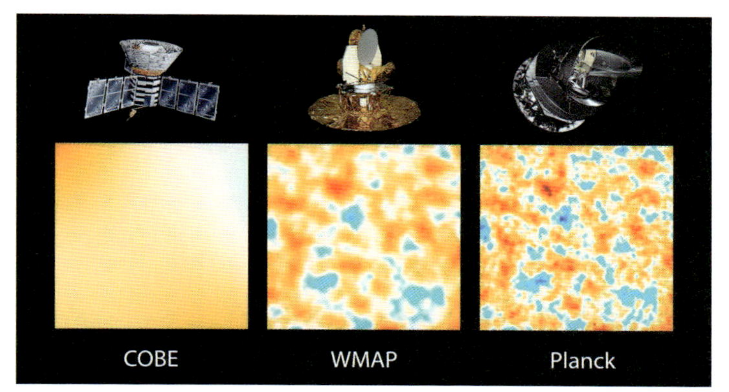

COBE 衛星、WMAP 衛星、Planck 衛星による CMB 温度揺らぎの比較。空間分解能の向上により揺らぎがより詳細に観測できている。　©NASA/JPL-Caltech/ESA

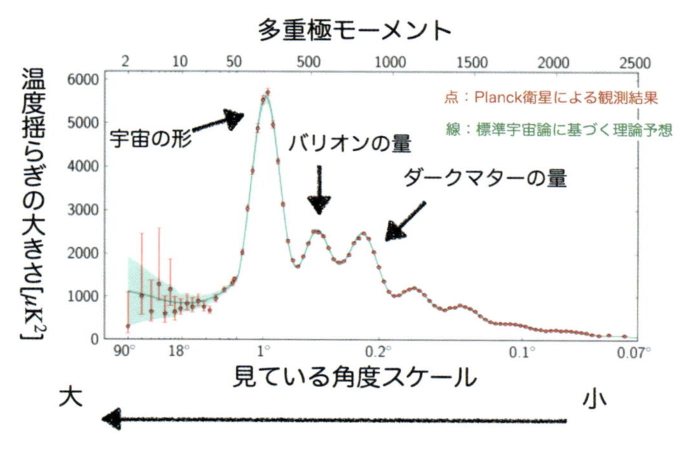

CMB 温度揺らぎのパワースペクトル。横軸は観測している領域のスケールで、左側に行く程大きなスケールを観測している。縦軸は温度揺らぎの大きさ。緑の線が標準宇宙論による予言を表し、赤い点が観測データを表している。

chapter 7

宇宙を支配する 2 つの「ダーク」

ダークマターとダークエネルギー

CMB温度揺らぎの解析によって確立された現代的な標準宇宙論モデルである「Λ CDM理論」についてもう少し詳しく説明したいと思います。まず、「Λ」の部分ですが、これは「**宇宙項**」と呼ばれる量を表しています。歴史的にはアインシュタインによって導入された量です。

$$R_{\mu\nu} - \frac{1}{2}g_{\mu\nu}R + \Lambda g_{\mu\nu} = \frac{8\pi G}{c^4}T_{\mu\nu}$$

本書では何度か出てきたアインシュタイン方程式の中に「Λ」が入っていますね。アインシュタインは、「宇宙は過去も現在も未来も変わらないものでいてほしい」という信念があり、そんな宇宙を実現するために、アインシュタイン方程式の中に「Λ項」を入れました。しかし、ハッブルの観測で明らかになった通り、宇宙は膨張していることがわかり、「Λ項」は一旦取り除かれます。しかし、1998年、天文学者をあっと言わせる観測結果がもたらされます。

超新星を観測して解析したところ、どうも宇宙が、膨張は膨張でも「**加速膨張**」していることがわかりました。一般相対性理論によると、重力を及ぼす物質が宇宙に詰まっているだけでは宇宙の加速膨張は起きません。**宇宙が加速膨張をしているということは、何か「反重力的な存在」が必要となります。**この反重力的な存在は「ダークエネルギー」と名付けられています。そして、「Λ項」はダークネルギーを表していると現在では考えられており、アインシュタインが一度は捨てた「Λ項」

が現在になって再び復活したのです。ちなみに、宇宙の加速膨張を発見したソール・パールミュッター、ブライアン・シュミット、アダム・リースは2011年にノーベル物理学賞を受賞しました。

次に「CDM」の部分ですが、これは「**冷たい暗黒物質（Cold Dark Matter）**」の頭文字です。既に宇宙には暗黒物質（ダークマター）という重力的な影響が及んでいるけど、電磁波では観測できない未知の物質が存在することを紹介しました。CMBの温度揺らぎの解析によると、ダークマターは「冷たい（重い）」ことがわかりました。

以上のことをまとめると、**「ΛCDM理論」とは、「宇宙はダークエネルギーとダークマター、そして普通の物質で構成されている」という理論です。**そして、驚くべきことに、水素やヘリウムなどの「普通の物質」は宇宙の高々5%程度を占めているに過ぎず、宇宙の残りの95%はダークマター（約27%）とダークエネルギー（約68%）で占められていることが明らかになりました。宇宙は我々が思っているよりも「ダーク」だったのです。

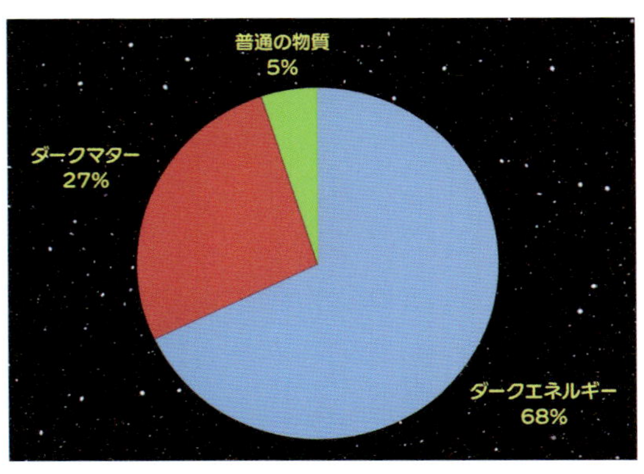

宇宙の構成要素。普通の物質は宇宙の約5%を占めるにすぎない。

揺らぎのタネを仕込む
インフレーション理論

CMBの温度揺らぎを解析することで宇宙の約95%が「ダーク」であるとするΛCDM理論が確立されましたが、ここで疑問が湧きます。そもそもなぜ、CMBの温度揺らぎが存在するのか？

この問いに答えを与えるのが「**インフレーション**」です。「インフレーション」と聞くと、物価が上昇するという経済用語の方の「インフレーション」を思い浮かべる方が多いかと思いますが、宇宙初期にもインフレーションと呼ばれる現象が起きたいう理論が日本の佐藤勝彦や米国のアラン・グース等によって提唱されました。宇宙のインフレーションはビッグバンよりも前に起きたと考えられ、宇宙誕生10^{-36}秒後から10^{-34}秒という超短時間に宇宙が急膨張し、その際に放出された熱エネルギーによりビッグバンが起きたと考えられています。「宇宙の始まりはどうなっていますか？」という質問をよく聞かれることがありますが、現在の宇宙物理学では「**宇宙の始まりにはインフレーションという、短時間の間に急激な宇宙膨張が起きた**」というのが、質問への答えです。インフレーションはビッグバン理論が抱えていたいくつかの致命的な問題点を解決することができるので、現在でも宇宙の始まりを説明する有望な理論と受け止められています。

そもそも、インフレーションとはどのように起きたのでしょうか？　実はこの問いの答えは完全にはわかっていません。宇宙の始まりは途方もなく小さく「量子力学」というミクロな世界を記述する物理理論を用いて考える必要があります。量子力学の考え方に基づくと、**極小サイズの宇宙の始まりにはエネルギーの揺らぎ（不規則な変動）が存在することを示唆します**。このエネルギーの揺らぎは、宇宙の密度にわずかな不均一さを生み出しました。すなわち、ちょっと密度の高い場所があれば、ちょっと密度の低い場所もあるわけです。この密度の違いがインフレーションによる宇宙の急激な膨張の後、CMBの温度揺らぎとして観測されることになります。CMBの温度揺らぎは、ビッグバンよりもさらにその前の宇宙の始まりであるインフレーション時に「揺らぎの種」が仕込まれていたことにより生じたのです。

さて、インフレーション理論は宇宙の始まりを説明する「有望なシナリオ」ではあるものの、実は直接的な証拠が見つかっておらず、インフレーションの痕跡を探す取り組みが現在、世界中で活発に行われています。その取組みについては次で紹介します。

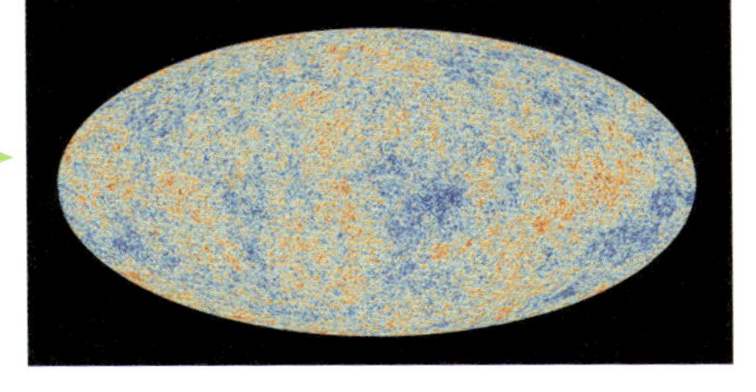

量子ゆらぎからCMBの温度揺らぎへ。
上:©NASA/CXC/M.Weiss、下：ESA and the Planck Collaboration

宇宙の始まりに迫る
原始重力波と宇宙背景放射

COBE衛星やWMAP衛星、さらにはPlanck衛星によって観測されたCMBに刻まれた温度揺らぎは、インフレーション理論の予測と一致しており、インフレーション理論は、ビッグバン理論を裏付ける宇宙誕生のストーリーとして広く受け入れられています。しかし、これらの観測はあくまでインフレーション理論の間接的な証拠に過ぎず、インフレーション理論の決定的な証拠はまだ見つかっていません。

インフレーション理論の決定的な証拠を調べるためにはどうしたら良いでしょう？　キーワードは「重力波」です。本書では既に重力波について紹介してきましたが、改めて説明すると、ブラックホールや中性子星など、質量を持った物体が運動することで時空が揺さぶられ、その際に生じる時空のさざ波が重力波でした。**インフレーションは時空そのものの急激な膨張であり、時空が激しく揺さぶられるため重力波が生じると予想されます。**インフレーション時に生成される重力波は、ブラックホールや中性子星の運動によって生じる重力波と区別して「**原始重力波**」と呼ばれます。

原始重力波はCMBにぶつかるときに「**Bモード**」とよばれる独特な渦巻き模様を作り出し、**CMBにその痕跡が刻まれる**と理論的に予想されています。したがって、CMBに刻まれたBモードの痕跡を観測することができれば、それはインフレーション時に生成された原始重力波によるものであり、「インフレーションの痕跡」を見ることができ、インフレーションの間接的な証拠を掴むことが出来ます。実際、Bモードを観測することができれば、インフレーション時のエネルギーの大きさなどを調べることができると期待されています。

現在、チリの「ACT（Atacama Cosmology Telescope）」、南極の「SPT（South Pole Telescope）」などの望遠鏡が活発的にCMBに刻まれたBモードの探索を行っていますが、Bモード信号は非常に微弱であるため、未だに検出には至っていません。また、将来計画として「LiteBIRD」や「CMB-S4」などの望遠鏡も提案されており、日本からも大きく貢献する予定です。インフレーション時に生成される原始重力波がCMBに刻むBモード痕跡を通して宇宙の始まりに迫る研究は今まさに熱く盛り上がっています。

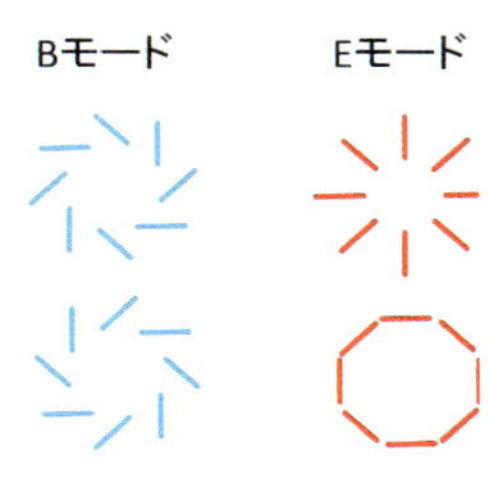

©2015 東京大学

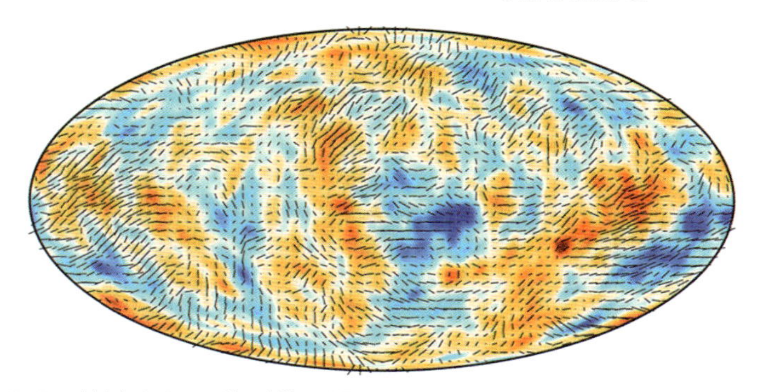
CMBに刻まれたBモードの痕跡　©ESA and Planck Collaboration

すべては揺らぎから始まった
宇宙論的構造形成

インフレーション時に生成されたエネルギーの揺らぎは、CMB（宇宙マイクロ波背景放射）の温度揺らぎとして痕跡を残すだけでなく、物質の密度揺らぎとしても宇宙に刻まれています。密度揺らぎとは、宇宙における物質の密度が濃い場所と薄い場所があるという現象で、ここでの物質は主にダークマターを指します。

ニュートン力学や一般相対性理論の基本的な考え方として、「**物質が集まっている場所（重い物体）ほど、物質による重力は大きい**」というのがあります。物質の密度揺らぎはCMBの温度揺らぎと同じくらいの大きさで、約10万分の1と小さな大きさです。しかし、ほんの少しでも密度の大きな場所では、**ダークマター自身の重力によりさらにダークマターが集まり、ダークマターの密度がどんどん大きくなっていきます**。逆に、密度揺らぎの小さな場所では、密度がどんどん小さくなっていきます。このように宇宙の始まりの段階では約10万分の1と小さかったダークマターの密度揺らぎは、自身の重力によりどんどん成長し、やがて「ダークマターハロー」と呼ばれるダークマターの塊を作ります。ダークマターハローは太陽質量の1億倍から1兆倍以上の質量を持ち、その重力により水素やヘリウムなどのガスを引き寄せ、星や銀河が作られる場となります。このため、ダークマターハローは「銀河の揺りかご」とも呼ばれます。

ダークマターハローは密度揺らぎが大きい場所に作られるので、その中で作られる銀河も密度揺らぎの大きい場所に作られます。この様子が如実に現れているのが「**宇宙大規模構造**」です。宇宙の広い領域を観測すると、銀河が網の目状に分布しており場所によっては銀河密集しているのがわかります。これはダークマターの密度揺らぎが特に大きい領域で銀河が作られているのを意味しています。以上のように、**インフレーション時に作られた揺らぎはその後の宇宙の構造を形作るのに重要な役割を果たしている**のです。

宇宙大規模構造。それぞれの点は銀河を表している。
©Sloan Digital Sky Survey

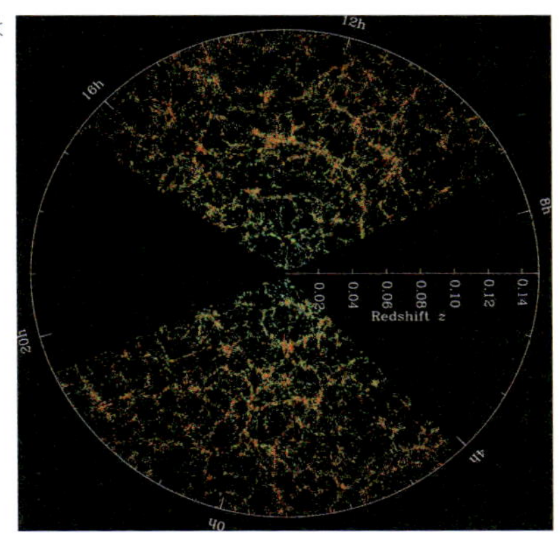

131億年前　117億年前　80億年前　現在

131億年前　117億年前　80億年前　現在

ビッグバンから現在までの宇宙の進化。密度揺らぎの大きな場所は現在に近づくに連れ、より密度揺らぎが大きくなり、構造形成が進む。© 石山智明

真っ暗な宇宙に光が灯る
宇宙暗黒時代から宇宙の夜明けへ

ビッグバン時に水素やヘリウムなどの元素が作られる事は既に紹介しました。また、ビッグバンの名残であるCMBも観測されました。これまでに紹介していませんでしたが、CMBはビッグバンから約38万年後の宇宙から届いています。もちろん、約38万年よりも過去の宇宙でも宇宙背景放射の光子は飛び交っていたのですが、その時代の光子は電子などとぶつかって自由に進むことができないほど、宇宙は濃密なプラズマで満ちていました。CMBが我々に届くビッグバン約38万年後の宇宙は「**宇宙の晴れ上がり**」と言われています。これはあたかも、モヤが晴れてそれまで見えなかった宇宙背景放射の光子が見えることになったことを表現しています。

宇宙の晴れ上がり後、宇宙は「**宇宙暗黒時代**」と呼ばれる時代が数億年ほど続きます。ビッグバン時に作られた中性水素（とヘリウム）ガスによって宇宙は満たされていました。しかし、星や銀河がまだ形成されておらず、光を放つ天体が存在しなかったため宇宙は文字通り暗黒に包まれていたのです。**この暗闇に光が灯るのは、宇宙最初の星たち（ファーストスター）が誕生し、光を放ち始めたときです。**宇宙に光が灯された時代は「**宇宙の夜明け**」と呼ばれています。

なお、宇宙の最初に誕生した星たちは、現在の宇宙に見られる星と比べて大きな違いがあります。既に紹介した通り、星は分子雲の中で水素やヘリウムのガスを材料として作られます。これはファーストスターでも同じです。しかし、**ファーストスターは水素とヘリウムのみのガスから作られる**という違いがあります。現在の星形成では水素やヘリウム以外にも、炭素や酸素などの重元素も星の材料として含まれています。

ビッグバン後の宇宙には水素やヘリウム以外の重元素はほとんど存在しません。炭素や酸素などの元素は星の内部で核融合反応によって作られるため、星の存在しない宇宙暗黒時代では作れないからです。したがって、ファーストスターは現在の宇宙で作られている星と異なり、「水素とヘリウムのみで」作られている点が特筆すべき点なのです。物理や化学反応に基づいて計算すると、水素とヘリウムのみで作られた星は大質量になることがわかっています。また、大質量ほど核融合反応が早く進むため、燃料を早く使い果たしてしまい、数百万年程度で燃え尽きてしまいます。これは太陽が現在約50億歳であることを考えると、ファーストスターがいかに短命かわかりますね。ファーストスターは「水素とヘリウムのみ」で作られ、「大質量」で「短命」な星なのです。

宇宙の暗黒時代から宇宙の夜明けへ。ファーストスターの想像図。初期の宇宙には水素とヘリウムのガスしか存在しないため、ファーストスターは大質量で、非常に短命な星になる。
©NASA/WMAP Science Team

宇宙に広がる「泡」
宇宙再電離期

ファーストスターの誕生で暗黒の宇宙に光が灯されました。やがて超新星爆発によって内部で作られた元素が宇宙空間に散布され、新たな星の材料になり、多くの星が集まって銀河になります。これらの銀河は「**初代銀河**」と呼ばれ、ファーストスターや第2世代の星を含んでいます。

初代銀河の星々は強烈な紫外線を放ち、周囲の中性水素を電離させます。つまり、陽子と電子に分解されます。この現象を「**宇宙再電離**」と呼びます。"再"がつく理由は、ビッグバン時代、陽子と電子はバラバラになり水素は電離していたので、そのとき以来の水素の電離だから「再電離」という名前が付いたと言われています。

宇宙再電離は銀河周辺で局所的な泡のように進行し、数億年かけて宇宙全体に広がりました。この期間を「**宇宙再電離期**」と呼びます。

宇宙暗黒時代から宇宙再電離期の観測はこれまでほとんど進んでいませんでしたが、2010年代以降、日本のすばる望遠鏡、ALMA望遠鏡、そして**ジェームズ・ウェッブ宇宙望遠鏡（JWST）**の活躍により、この時期の銀河が次々と発見されています。本執筆時点では、宇宙誕生3億年後の銀河がJWSTで観測されています。今後の技術発展により、宇宙再電離期の理解はさらに進むと期待されます。ただし、JWSTを用いても宇宙暗黒時代の観測はできません。宇宙再電離期以前をどう観測するべきかについては、次で見ていきます。

宇宙再電離期のイメージ図。泡のように局所的に再電離が進み、やがて宇宙全体が再電離されていく。
©Jingchuan Yu, Beijing Planetarium

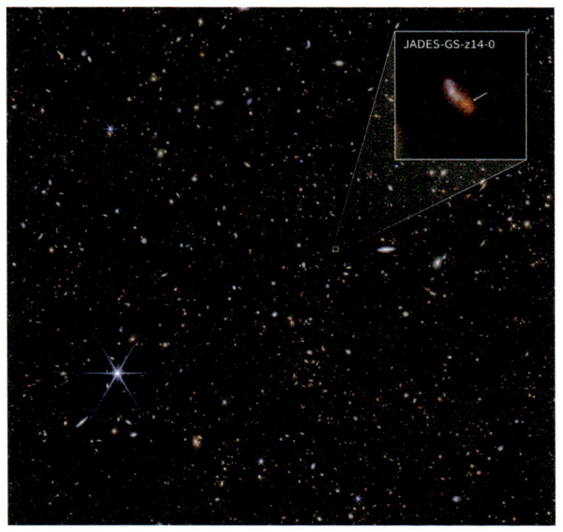

JWSTによって観測された、宇宙が約3億歳だった頃に存在した銀河。
©NASA, ESA, CSA, STScI, B. Robertson (UC Santa Cruz), B. Johnson (CfA), S. Tacchella (Cambridge), P. Cargile (CfA)

宇宙再電離期を観測する方法

中性水素21cm線

JWSTなどの観測により、宇宙再電離の観測的研究は近年発展しています。しかし、**JWSTなどの望遠鏡が観測しているのはあくまで、宇宙再電離を引き起こしているであろう銀河からの信号であり、実際に宇宙再電離が起きている銀河間物質中の水素ではありません**。宇宙再電離期の銀河間物質中の水素を探る方法としては、銀河間物質中の水素原子が放射するライマンα線と呼ばれる波長121.6nmの紫外線を観測する方法がありますが、この方法には問題があります。ライマンα線はちょっとでも中性水素が存在すると水素に吸収されてしまうので、我々まで信号が届かないのです。そのため、ライマンα線を用いた銀河間物質探索は、中性水素の少ない宇宙再電離期終盤の観測には用いることができますが、再電離中盤や、ましてや宇宙暗黒時代には中性水素しか存在しないのでライマンα線での観測は絶望的です。

ここで期待されている信号が「**21cm線**」と呼ばれる波長21cm線の電波です。21cm線は中性水素自身から放射されるので、ライマンα線と異なり、中性水素により吸収されるという問題を回避でき、宇宙暗黒時代から宇宙再電離期の銀河間物質を調べることのできるほぼ唯一の方法として期待されています。21cm線を用いて銀河間物質を観測すると、宇宙再電離期の水素ガスの状況を詳しく調べることができます。例えば、理論的な計算によると21cm線を用いると、**再電離による局所的な泡の大きさや、時間と共に泡がどの程度の速度で進行するのか、また再電離を引き起こした銀河の特徴なども調べることが**

できると期待されています。

しかし、本書執筆現在、宇宙再電離期以前の21cm線は残念ながら未だに観測がされていません。次はこの21cm線観測の現状と困難について紹介します。

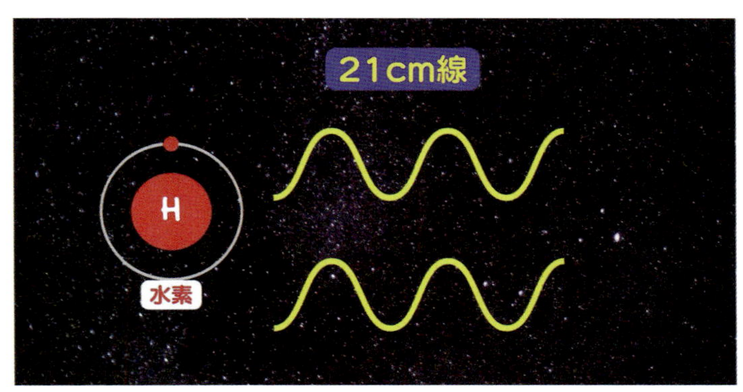

宇宙には多くの水素が存在しており、水素から出る波長が21cmの21cm線電波は宇宙再電離期を探る上で強力な道具となる。

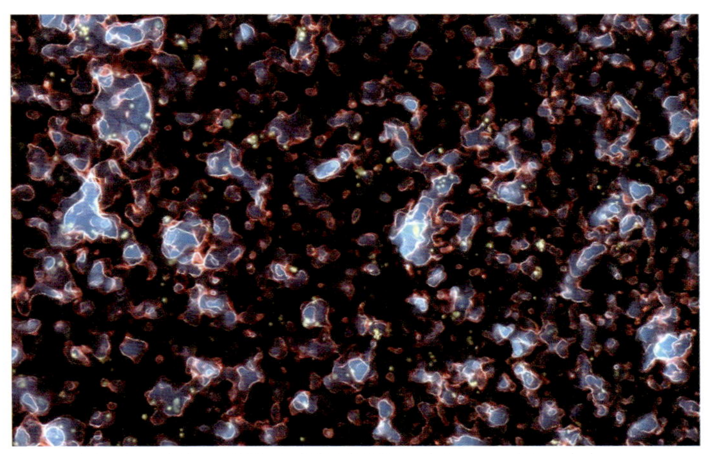

21cm線を用いて宇宙再電離期の宇宙を観測した時のイメージ図。青白くなっている領域で宇宙再電離が起きており、黒い部分ではまだ宇宙再電離が起きていない。

21cm 線観測の現状と将来の展望

宇宙暗黒時代から宇宙再電離期を探索するのに中性水素から放射される21cm線電波が有力視されています。しかし、**遠く過去の宇宙からの21cm線電波は未だ観測されておらず、21cm線検出に向けた挑戦が国際的に進んでいます**。（銀河系内やちょっと遠方の宇宙からの21cm線は既に観測されています）

既にいくつかの21cm線観測のための電波望遠鏡が観測結果を公開しています。21cm線の検出まではいたっていませんが、「21cm線信号は、この値よりは小さいだろう」という上限値の予想を与えています。上限値だけでも宇宙再電離期の様子に関して情報を得ることができるので、宇宙再電離期の研究は少しずつ進んでいるといえます。

2018年に、EDGES（オーストラリア）という電波望遠鏡が「宇宙の夜明け時代」の21cm線を検出したと報告する論文を発表しました。しかし、論文を読み進めるとその内容に困惑するものでした。というのも、**EDGESの結果は標準的な宇宙論、天体物理学で説明することができず、EDGESの結果が正しいとするならば、標準的な宇宙論あるいは天体物理学に修正が迫られるからです。** EDGESの結果については、今でも議論が続いています。

21cm線観測を目的とした将来観測計画も進んでいます。それが「**Square Kilometre Array（SKA）**」と呼ばれる大型電波望遠鏡です。現在運用されている電波望遠鏡よりも集光力が飛躍的に向上することで、宇宙の夜明けから宇宙再電離期の21cm線信号をより詳細に調べることができると期待されています。さらに、将来的には月面や月軌道に電波望遠鏡を設置するプロジェクトも提案されています。

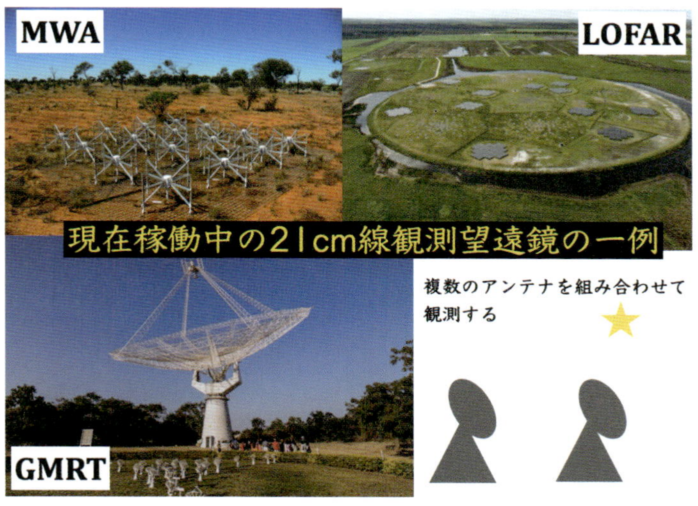

現在、世界で進行している21cm線観測プロジェクト。以下のCC BY-SAライセンスに基づき画像を加工・合成：MWA:©Natasha Hurley-Walker [CC BY-SA 3.0]、LOFAR:©LOFAR/ASTRON [CC BY 3.0]
GMRT:©Aditya Laghate [CC BY-SA 4.0]

SKA望遠鏡の完成予想図　©SKAO

宇宙初期に存在する「重すぎる」ブラックホール

宇宙には星サイズのブラックホールだけでなく「重すぎるブラックホール」も存在し、宇宙の謎の一つとなっています。宇宙再電離期後半あたりの非常に遠い過去に存在するブラックホールは、研究者たちに大きな疑問を投げかけています。**宇宙が誕生してからわずか数億年しか経っていない頃に、太陽の数十億倍もの質量を持つブラックホールが存在することが確認されているのです。**これまでに発見された中で最も遠いクエーサー（明るく輝くブラックホールを持つ銀河の中心）は、宇宙がまだ形成されてから約7億年しか経っていない時期のもので、その質量は太陽の数十億倍にも達しています。

私たちが知っている通常のブラックホールは、質量が大きな星が寿命を迎え、爆発的に崩壊した後にできるものです。また、銀河の中心には超大質量ブラックホールが存在することも既に紹介しました。しかし、**遠い過去に見つかっているブラックホールは、単に大きいというレベルを超えて「重すぎる」のです。**例えば、子犬を飼っていると想像してみてください。普通、子犬は少しずつ大きくなり成犬になるまでに1年ほどかかります。しかし、この「重すぎるブラックホール」は、飼ったばかりの子犬が翌日、突然ゾウくらいの大きさに成長してしまうようなものです。成長するのが早すぎて、どうしてそんなに大きくなったのかわからず困惑しますよね。宇宙初期のブラックホールでもまさに同じようなことが起きています。宇宙がまだ若く、星々が生まれて間もない時期に、どうしてこんなに巨大なブラックホールが形成されたのでしょうか？　それは、現在の理論では説明がつかないほどの速さで成長していると考えざるを得ません。

通常、ブラックホールがこれほど大きく成長するためには、多くの時間が必要です。宇宙の若い時代に見つかっているこれらの超巨大ブラックホールが短期間でどのようにして質量を獲得したのか、その過程は謎が多いです。この不可思議な現象を説明するために、例えば「ガス雲が星を形成する前に直接ブラックホールへと崩壊する」などの理論が提唱されていますが、まだ確たる証拠があるわけでなく、まだまだ未知の領域です。宇宙の過去には未だ解明できない数々の宇宙の謎が潜んでおり、「重すぎるブラックホール」は、その中でも特にワクワクする謎の一つです。

銀河中心に超巨大質量ブラックホールのイメージ図。 Credit: NASA/JPL-Caltech

chapter 7

宇宙の未来はどうなるのか?

宇宙の将来はどうなるかについて誰もが一度は考えたことがあるのではないでしょうか？　私たちが知る限り、宇宙は138億年前にビッグバンから誕生し、宇宙暗黒時代、宇宙の夜明け、宇宙再電離期を経て、現在の宇宙へと進化してきました。そして現在でも宇宙は膨張を続けています。しかし、この膨張は決して止まらないどころか、加速していることが観測されています。これはダークエネルギーと呼ばれる謎のエネルギーによるもので、宇宙全体に影響を与えていると考えられています。宇宙の加速膨張がこの先も続くと、どのようなことが起こるのでしょう？　遠い未来には、**宇宙の膨張が極限に達し、私たちが現在観測できる銀河のほとんどが光速より速く遠ざかるため、私たちから見えなくなってしまうかもしれません。**しかし、それでもなお、新たな星や惑星が誕生し、未知の生命体が進化している可能性も考えられます。もしかしたら、その生命体は私たちが夢見るような高度な文明を持ち、遠い未来の人類がその文明とコンタクトを取る日が来るかもしれません。

さらに想像を広げると、ダークエネルギーの影響がどのように進展するかにより、宇宙の運命は複数のシナリオにわかれます。一つは、膨張が無限に続き、宇宙の温度が極端に下がる「**ビッグフリーズ**」です。すべての星が燃え尽き、ブラックホールが支配する冷たい無の世界が広がるかもしれません。もう一つは、膨張が突然反転し、宇宙全体が一つに潰れてしまう「**ビッグクランチ**」です。あるいは、膨張の加速が制御不能になり、物理的に宇宙が引き裂かれる「**ビッグリップ**」なども考えられています。

宇宙の終わりについて考えることはワクワクしますが、実際に宇宙がいつ、どのように終わるかはそのときが来るまではわかりません。そして、宇宙の終わりがいつやってくるかは正確にはわかっていません。数百億年、数千億年、あるいはもっと未来の話かもしれません。そのため、今を生きる私たちは宇宙の終わりがどうなるかの答えを知ることはできません。もし、宇宙が終わる時に人類がまだ存続してるならば、人類は何を思いながら宇宙の終焉を迎えるのか気になります。

宇宙はビリビリに破れてしまうのか!?

我々の住む宇宙とは別の宇宙が存在する?

マルチバース

「宇宙」は英語で、「ユニバース（universe）」です。「ユニ（uni-）」という部分には「1つの」という意味が含まれています。私たちの住むたった一つの宇宙、そういった意味が込められた「ユニバース（universe）」なのです。しかし、現代物理学では、「宇宙は我々が住む宇宙一つだけではない」といった考え方も真面目に議論されています。それが「**マルチバース（multiverse）**」「**多元宇宙**」という考え方です。私たちが住む宇宙が無数の他の宇宙と並存しているというものです。

マルチバースの概念にはいくつかの種類がありますが、その一つに「インフレーション宇宙論」に基づく理論があります。インフレーションとは宇宙の始まりに起きた急激な膨張です。インフレーションによって私たちの宇宙は瞬く間に広がりましたが、実はこの膨張が永遠に続く「永遠のインフレーション」と呼ばれる現象が起きている可能性があります。その結果、私たちの宇宙の外にも新たな宇宙が次々と泡のように誕生し、無限に膨らんでいるのです。これらの宇宙は、私たちの宇宙とは異なる物理法則を持つ可能性があり、私たちの住む宇宙とは全く別物の可能性があります。

例えば、ある宇宙では重力が私たちの世界のように強くなく、星や銀河が形成されないかもしれません。また、別の宇宙では物理法則がまったく異なり、我々が想像もつかない形で生命が進化している可能性もあります。あるいは、全くの偶然によって、別の宇宙に私たち自身にそっくりな存在がいるかもしれないのです。この無限の可能性に満ちた多元的な世界は、私たちが日常的に認識している現実とは大きく異なります。
　マルチバースの探求は、現代物理学や宇宙論の最前線で進められていますが、今のところその証拠は明確ではありません。もしかしたら私たちの住む宇宙以外に別の宇宙が存在する可能性があると考える余地を残しているもので、私たちをワクワクさせてくれます。

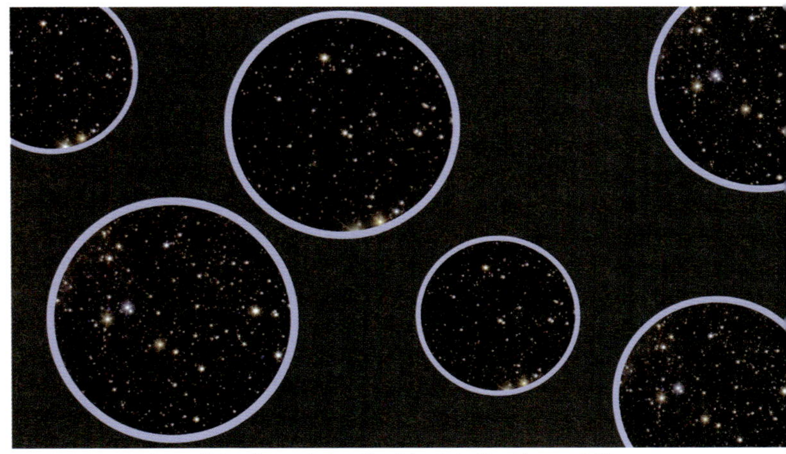

マルチバースのイメージ図。我々の宇宙の外に別の宇宙が広がっている!?
出典を加工して制作：©ESA/Euclid/Euclid Consortium/NASA, image processing by J.-C. Cuillandre (CEA Paris-Saclay), G. Anselmi [CC BY-SA 3.0 IGO]

column 7

天文学とノーベル賞

毎年 10 月の上旬になると、研究者や科学ファンの方々がワクワクするイベントがあります。それが「ノーベル賞ウィーク」と呼ばれる、ノーベル賞が発表される週です。ノーベル賞はダイナマイトの発明者であるアルフレッド・ノーベルの遺言に従って 1901 年に始まった国際的な賞で、物理学、化学、生理学・医学、文学、平和の分野で卓越した業績を残した人に授与されます。このコラムを書いている 2024 年 10 月 8 日にノーベル物理学賞が発表されました。2024 年は機械学習の手法（簡潔に説明すると、AI に関連した研究）の発見に対して、ジョン・ホップフィールド氏とジェフリー・ヒントン氏にノーベル物理学賞の授与が発表され、「機械学習の業績に対して物理学賞が与えられるのか！」と衝撃が走りました。

さて、ノーベル物理学賞は天文学の研究に対してもこれまでいくつか与えられています。この本の中で紹介した話だと、「宇宙背景放射の発見（1978 年）」、「宇宙からのニュートリノ観測（2002 年）」、「宇宙背景放射の精密測定（2006 年）」、「宇宙の加速膨張の発見（2011 年）」、「太陽系外惑星の発見（2019 年）」、「ブラックホールの理論と観測的証拠（2020 年）」などです。読者の方は、これらの業績がいかに素晴らしい研究成果なのかを理解できると思います。天文学の研究対象に対してノーベル物理学賞が授与されるのは、宇宙の研究も物理学の範疇に含まれている事を意味しています。これは物理学発展の歴史を紐解いても妥当であることがわかります。近代物理学はニュートンによる力学理論と万有引力理論によって始まりましたが、そもそもニュートンがこれらの理論を発展させたのは惑星の運動を理解するためです。物理学の始まりは人類が宇宙について考えた帰結なのです。

これからも、現在はまだ理解されていない、もしくは発見されていない宇宙の不思議を解明した人にノーベル物理学賞が与えられるでしょう。そしてそれは、もしかしたら、この本を読んでいる読者のあなたかもしれません。

宇宙に生命は存在するのか？

宇宙生物学

宇宙カレンダー
もしも宇宙の歴史を１年とするならば

広大な宇宙の中で、生命を育んだ地球は私たちにとっては特別な惑星です。地球は今から46億年前に誕生し、46億年の歴史の中で原始的な生命が誕生し、知的生命体へと発展し、現在に至る文明を築き上げました。ところで、私たちの住む地球の歴史は、宇宙の138億年の歴史の中ではどのように位置付けられているのでしょう。これを考える際、「宇宙カレンダー」というアイデアが面白いです。「宇宙カレンダー」はアメリカの天文学者兼SF作家のカール・セーガンによって提案されたアイデアで、**宇宙138億年の歴史を1年に圧縮したカレンダーです。**

宇宙カレンダーの1月1日はビッグバンの瞬間、つまり宇宙の誕生日です。宇宙にとってのお正月はビッグバンです。1月は、宇宙最初の星・ファーストスターや宇宙最初の銀河の形成などのイベントがありました。3月の中旬には我々の住む銀河系が形成されます。日本の暦だとまだ新年度が始まる前です。その後、銀河系の中で太陽系が形成されるのは9月1日です。学生ならばちょうど夏休み明けの出来事です。9月の中旬ごろには地球に最初の生命（原始生命）が現れます。9月末には植物による光合成が始まり、約1ヶ月後の10月末に光合成によって生み出された酸素が地球大気へと放出されます。

そして、冬の寒さが厳しくなる12月は日本では「師走」と呼ばれる忙しい時期ですが、宇宙もこの時期は大変忙しくなります。12月5日には多細胞生物、12月17日には最古の魚類が現れます。そして12月25日クリスマスには恐竜が登場します。

しかし、隕石の衝突の影響もあり、12月30日には恐竜が絶滅します。

12月31日、1年間の最後の日、ようやく主役は人類に移ります。12月31日の午前10時15分に類人猿が現れ、午後8時に人間が類人猿から分裂し、午後11時53分、現代人であるホモ・サピエンスが登場します。午後11時59分、1年間の最後の1分は怒涛の展開です。このわずか1分の間に文明が誕生し、エジプトのピラミッドが建設され、古代ギリシャやローマが栄え、産業革命が起き、現代へと繋がります。**宇宙カレンダーのスケールで見れば、私たち人類の歴史はほんの一瞬にすぎないのです。**

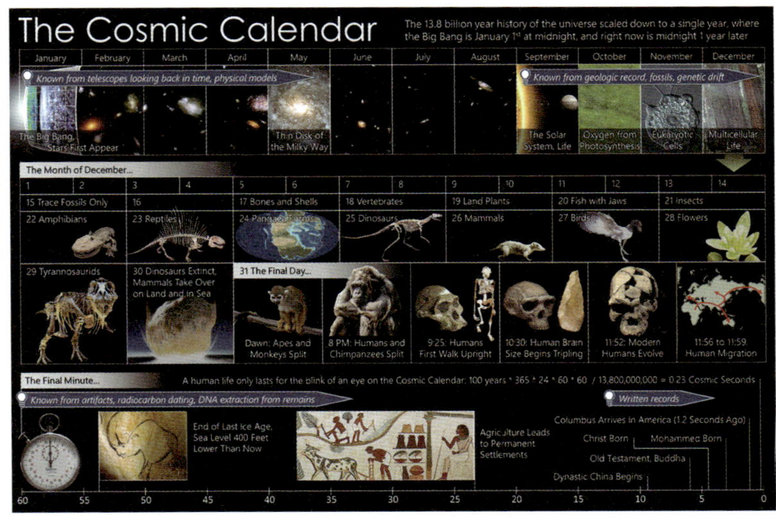

宇宙カレンダー。宇宙誕生から138億年の歴史を1年と見立ててまとめたもの。人類の歴史が宇宙のスケールで見るとどれだけ一瞬なのかが見て取れる。©Efbrazil [CC BY-SA 3.0]

生命とは何か?
地球の生命の観点から

生命とは何か。この問いは古くから議論されており、明確な定義を確立するのは容易ではありません。しかし、生命にはいくつか共通する特徴があるとされています。

第一に、生命体は細胞を基本単位として持ちます。単細胞生物から多細胞生物まで、細胞は自己修復し、周囲の環境と物質やエネルギーをやり取りしながら生きています。第二に、生命は代謝を行い、エネルギーを得ます。植物は光合成で太陽のエネルギーを取り込み、動物は食物を消化して活動を維持します。エネルギーを外部から取り込み、それを利用して生命活動を続けることが不可欠です。第三に、生命は成長と発達を遂げます。細胞分裂や分化を経て、単細胞生物も多細胞生物も、それぞれに応じた成長を示します。また、外部の刺激に反応する能力も生命の重要な特徴です。動物は光や音、温度に反応し、植物も光の方向へ成長するなどの反応を示します。さらに、生命の最大の特徴は自己複製の能力です。DNAやRNAを介して遺伝情報を次世代へ伝え、個体数を増やします。この遺伝情報の変化を通じて生命は進化し、環境に適応することで新たな種を生み出してきました。現在の生物多様性は、この進化の過程によるものです。

以上のように、**地球上の生命には細胞、代謝、成長、反応、自己複製、進化といった共通の特徴があります。**しかし、これはあくまで地球上の生命に基づく定義であり、普遍的なものとは限りません。

では、宇宙に生命は存在するのでしょうか？　一見SFのような問いですが、現代の天文学では真剣に議論されています。この研究分野は「宇宙生物学」と呼ばれ、地球外生命の可能性を探求します。

重要なのは、地球外生命が必ずしも地球と同じ生命の特徴を持つとは限らないという点です。例えば、細胞を持たない生命や、水や酸素を必要としない代謝系を持つ生命が存在する可能性もあります。宇宙生物学では、そうした未知の生命の定義を考えることも重要な課題です。

「生命とは何か」という問いは、科学が進むほど新たな視点を生み出します。そして、宇宙探査の進展により、「生命」の概念そのものが変わる未来が訪れるかもしれません。

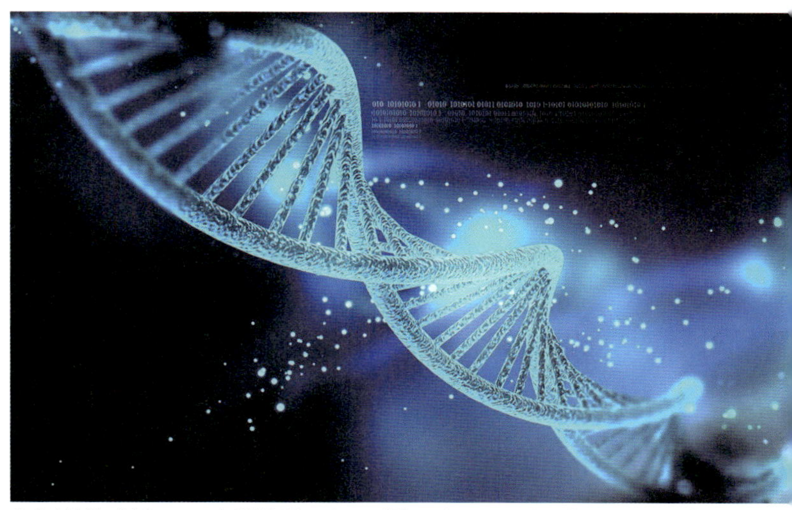

生命を特徴づける一つである遺伝子のイメージ図。 ©Nogas 1974 [CC BY-SA 4.0]

chapter 8

生命はどこからやってきた?

地球上にあふれる生命の起源は、長らく謎に包まれてきました。生命を構成するDNAやRNAは、遺伝情報を保持し、転写や翻訳によってタンパク質が合成されるなど、細胞の働きを支える重要な分子です。これら有機高分子は、炭素、酸素、窒素、水素などの元素から成り立っており、まずは**有機分子がいかにして地球上に誕生したか**を考えることが、生命の起源を探る出発点となります。

有力な仮説のひとつに「**化学進化説**」があります。この説では、約46億年前の地球は火山活動、隕石の衝突、雷などが頻発する過酷な環境であったとされ、その中で海洋や地殻に存在する単純な化学物質が、さまざまなエネルギーにより反応を起こし、アミノ酸や核酸などの有機分子を生成したと考えられています。特に、海底に存在する熱水噴出孔は、数百度に達する高温の熱水と鉱物、化学物質が混ざり合う環境で、これらの反応を促進し、初期生命の誕生に寄与した可能性が指摘されています。また、近年の研究では、実験室で同様の環境を再現し、生命の構成要素が自発的に生成される現象が確認されつつあり、化学進化説の信憑性を支持する証拠が着実に蓄積されています。

一方、全く異なる視点として「**パンスペルミア説**」があります。この説では、生命そのものや微生物の種が宇宙空間で生成され、隕石や彗星に乗って地球に運ばれてきた可能性を示唆します。もしこの説が正しければ、地球以外の天体にも生命が存在している可能性が高まり、宇宙全体における生命探査の対象が広がることとなります。現状、生命の起源は完全には解明されていませんが、自らの起源について考えることは、宇宙における生命の在り方を探る大きな手がかりとなるでしょう。

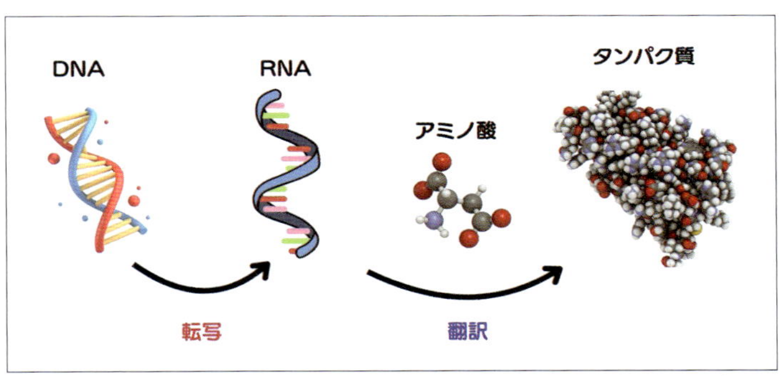

DNAの情報をRNAに転写し、RNAの情報を翻訳することでアミノ酸を組み合わせてタンパク質が作られる。

生命の起源は宇宙？
©NASA / Jenny Mottar

太陽系で生命を探す

太陽系内での生命探査は、地球以外の天体に生命が存在する可能性を調査する上で真っ先に調べたい内容です。これまでの研究は、火星や木星の衛星「**エウロパ**」、土星の衛星「**エンケラドス**」や「**タイタン**」など、いくつかの天体に注目して行われてきました。これらの天体には、液体の水が存在する可能性があり、生命の存在条件が整っているかもしれないと考えられています。

まず、生命探査の主な対象として挙げられるのが火星です。火星は、地球に最も近い惑星であり、かつて地表に液体の水が流れていた証拠が多数発見されています。火星には乾燥した川床や湖の跡があり、過去に温暖で湿潤な気候があったと考えられています。このため、かつて微生物などの単純な生命が存在していた可能性が高いとされています。

次に注目されるのが、木星の衛星エウロパです。エウロパの表面は厚い氷で覆われていますが、その下には広大な液体の海が存在している可能性が高いとされています。この海は、地熱活動によって温められており、地球の海底にある熱水噴出孔と同様の環境が存在するかもしれません。

また、土星の衛星「エンケラドス」も太陽系内での生命探査において非常に興味深い天体です。エンケラドスの表面には氷が存在し、南極付近からは氷の噴出が確認されています。これらの水蒸気は、地下に広がる液体の海から噴き出していると考えられ、その成分を調査した結果、氷粒子の中に有機化合物が含まれていることがわかりました。エンケラドスの地下海は、エウロパ同様に地熱によって温められている可能性があり、これが生命の存在を支持する環境を提供しているかもしれません。NASAの「カッシーニ探査機」は、エンケラドスの噴出物を通過してその成分を分析し、生命に必要な化学成分が存在することを確認しました。

さらに、土星のもう一つの衛星である「タイタン」も生命探査の対象として注目されています。タイタンは、太陽系の中で唯一、濃密な大気を持つ衛星で、その表面には液体のメタンやエタンからなる湖が存在します。タイタンの表面温度は−180度と極寒ですが、その極寒のメタンの湖に生命が存在する可能性が議論されています。地球の生命は水を基盤としていますが、タイタンではメタンを溶媒とする生命が存在するかもしれないと考えられています。もし、そのようなことが起きていたら生命に対する見直しが必要となります。現在、探査機が火星や、エウロパ、エンケラドス、タイタンに送り込まれる計画があるので、もしかしたら太陽系内で生命を発見する可能性が近い将来あるかもしれません。

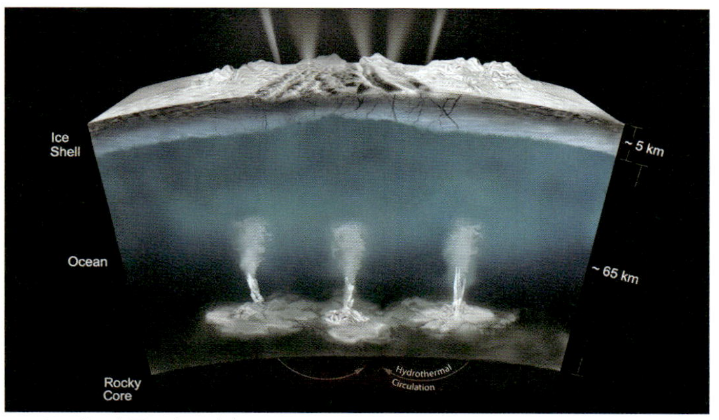

エンケラドス表面の氷の噴出
©NASA/JPL-Caltech/Southwest Research Institute

chapter 8

太陽系は特別なのか?
系外惑星発見の衝撃

私たちは太陽系を構成する惑星の一つである地球に住んでいますが、果たして地球や太陽系は特別な存在なのでしょうか。地球に住む私たちにとっては、確かに特別な意味を持ちます。しかし、宇宙全体から見ると、恒星の周囲を公転する惑星系は非常に一般的なものであることが、近年の研究で明らかになっています。1995年、ミシェル・マイヨールとディディエ・ケローによって初めて**太陽系外の惑星（系外惑星）**が発見され、他の恒星の周囲でも惑星が形成されるのが実証されました。この発見は大きな衝撃を与え、彼らは2019年にノーベル物理学賞を受賞しています。

1995年以降、ケプラー衛星やTESS衛星などの探査衛星によって、**2024年現在で既に5000個以上の系外惑星が確認されています**。統計的な解析によれば、恒星の約半数が惑星を持っているとされ、私たちの住む太陽系のような惑星系は決して希少な存在ではありません。さらに、地球の数倍の質量を持つ「**スーパー・アース**」や、表面温度が1000Kを超える「**ホットジュピター**」といった、地球とは異なる性質の系外惑星も多数発見され、従来の惑星形成理論に新たな視点を加える結果となりました。

また、ALMA望遠鏡の高い空間分解能を活かした観測により、おうし座HL星周辺で実際に惑星が形成される現場の鮮明なイメージが得られ、惑星形成の研究に大きな進展がもたらされました。観測技術の飛躍的な発展により、惑星形成理論はますます精緻になり、宇宙における惑星系の多様性や進化過程が解明されつつあります。これらの成果は、私たちが住む宇宙の成り立ちや、他の天体における生命の可能性を考える上で、重要な手がかりとなっているのです。

ホットジュピターのイメージ図。木星程の質量の惑星が、主星である恒星のすぐ近くを公転している。©NASA / JPL-Caltech

ALMA 望遠鏡で観測された原始惑星系円盤。恒星の周りで惑星が作られている過程の様子。©ALMA [CC BY 4.0]

chapter 8

生命に適した惑星を探す
ハビタブルゾーン

宇宙には系外惑星が数多く存在することが明らかになった今、私たちが次に考える事は、「**それらの惑星の中に生命が存在できる環境をもった惑星はあるのか？**」ということです。

生命が存在するためには、いくつかの重要な条件が必要とされますが、まずは、生命が誕生するのに必要な惑星の環境の条件について、地球を例にとって考えてみましょう。

「液体の水」は生命の誕生と維持にとって最も基本的な条件の一つです。固体でもなく、気体でもなく「液体」という部分が重要です。水は地球上でのすべての生物の基本的な溶媒であり、化学反応を進行させるための媒体として機能します。水が液体で存在するためには、適切な温度の範囲が必要です。惑星の温度が高かったら液体の水は蒸発し、温度が低かったら水が凍ってしまうためです。**惑星や衛星が恒星から適切な距離に位置しており、液体の水が存在可能な領域のことを「ハビタブルゾーン」（居住可能領域）と言います。**地球は生命が存在していることからもわかる通り、ハビタブルゾーンに位置する惑星です。ハビタブルゾーンは恒星の温度（あるいは質量）にも依存します。例えば、地球は太陽から1au離れた場所に位置していますが太陽系内のハビタブルゾーンです。しかし、太陽よりも遥かに温度が高い星の周りを公転する惑星にとっては、1auくらいの距離では惑星の温度が高すぎてハビタブルゾーンに入りません。ハビタブルゾーンにある惑星や衛星は、液体の水が存在する可能性が高いとされ、生命が存在する条件のひとつとして重要な指標です。生命にとっては液体の水が存在する以外にも必要な条件は多々あるので、ハビタブルゾーンに存在する惑星が見つかったからといって、それが即、生命の存在を意味するわけではありません。しかし、ハビタブルゾーンに存在している系外惑星は生命誕生の可能性が高まるので、宇宙に存在する生命の観点から見ると、系外惑星の中でも特に重要となりますし、将来的に人類が地球を脱出して移住する候補先としても有望な惑星となります。

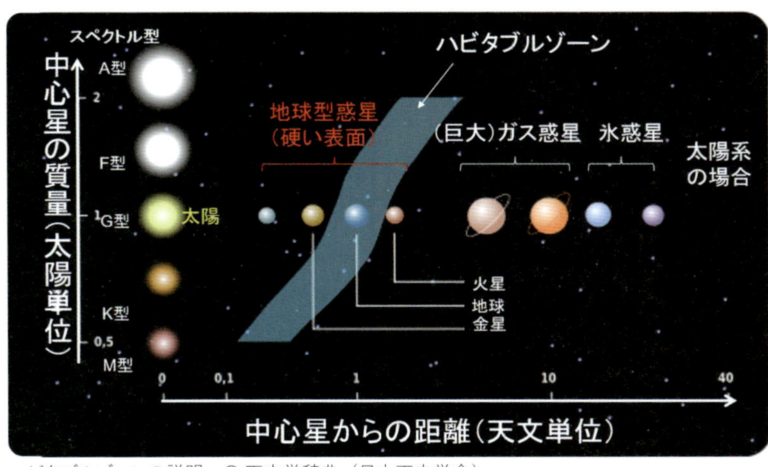

ハビタブルゾーンの説明　© 天文学辞典（日本天文学会）

生命の基本構造を求めて
宇宙にアミノ酸は存在するのか?

宇宙での生命存在の可能性探索は別の観点からも行われています。それは「アミノ酸」に注目するというものです。既に紹介した通りアミノ酸は、地球上で生命を構成するタンパク質の基本的な材料であり、その存在が確認されれば、生命の誕生に繋がる可能性が示唆されます。宇宙でアミノ酸が自然に形成されることが確認されれば、生命が地球以外の場所でも発生し得る可能性が高まり、地球外生命の探査において重要な手がかりとなります。

アミノ酸探索の歴史は彗星や隕石の調査から始まりました。1969年にオーストラリアに落下した「**マーチソン隕石**」には、80種類以上のアミノ酸が含まれていることが発見されました。この発見は、アミノ酸が宇宙空間で自然に形成され、地球に運ばれた可能性を示すものでした。

ところで、日本人にとって聞き馴染みのある小惑星探査衛星「**はやぶさ2**」も宇宙でのアミノ酸探索で大きな貢献をしています。はやぶさ2は2014年に打ち上げられ、小惑星「リュウグウ」からサンプルを採取し、2020年に地球に持ち帰りました。このサンプルは、リュウグウの表面から直接採取されたものであり、隕石とは異なり、地球の環境に影響されない状態で宇宙由来の物質を調べることが可能でした。2022年、リュウグウのサンプルからアミノ酸が含まれていることが確認されました。これは、リュウグウのような小惑星に生命の基本構造を作り出す材料が存在していることを示しており、地球外でのアミノ酸形成を強く裏付ける結果となりました。この発見は、生命の起源が地球のみに限定されず、宇宙全体で同様の化学反応が起こりうることを示唆しています。

特に注目すべきは、はやぶさ2がアミノ酸を発見したリュウグウが、地球に落下した隕石とは異なり、太陽系の初期の状態をほぼ維持している点です。つまり、リュウグウのサンプルは、太陽系が誕生したばかりの頃の物質の化学組成を保持しており、アミノ酸が地球の外でどのように生成されるかを探るための貴重な手がかりとなります。これにより、宇宙の他の場所でも生命の基礎が形成される可能性が高まり、生命が地球外でも発生しうるという新たな視点を提供しています。

宇宙生命探査において、アミノ酸の発見は大きな意味をもつもので、今後の宇宙空間でのアミノ酸探索に大きな期待が寄せられています。

マーチソン隕石
©Basilicofresco [CC BY-SA 3.0]

はやぶさ2のイメージ図
©Go Miyazaki [CC BY-SA 4.0]

chapter 8

宇宙に知的生命体は存在するのか?
ドレイク方程式

「宇宙人は存在するのか？」は、誰もが一度は考えたことのあるのではないでしょうか？　SF作品では色々なタイプの宇宙人が存在します。宇宙に知的生命体は存在するのか？　もし、存在するとしたら一体、どれくらい存在するのか？　その問いに対して一つの手がかりを与えるのが1961年にフランク・ドレイクが提唱した「**ドレイク方程式**」です。ドレイク方程式は、銀河系内に存在する知的生命を持つ文明の数を推定する試みであり、宇宙における生命の探査において重要な指標となっています。

ドレイク方程式は以下のような要素から成り立っています。まず、**銀河系内で恒星が誕生する割合**(R_*)です。惑星は恒星の周りで誕生するので、まずは恒星がどれだけ誕生するのか見積もらないといけません。次に、生命は惑星で誕生するので**恒星が惑星系を持つ割合**(f_p)も大事です。とはいえ、惑星が作られれば良いだけではありません。その惑星が生命を育む環境に適していなければならないので、惑星系の中で**生命が誕生する可能性がある惑星の割合**(n_e)も考慮しなければいけません。ここまでは天文学の見地から議論される内容ですが、生命科学の観点からの議論も大事です。惑星で生命が誕生して進化し、**知的生命に至る割合**$(f_e$、$f_i)$も考慮しなければなりません。また、地球外文明が発達してもすぐに私たちとコンタクトできるわけではなく、継続的に地球外文明が外部に向けて通信する必要があるので、**通信可能な知的生命体に進化する割合**(f_c)や**通信可能な期間**(L)も考慮されています。

ドレイク方程式の多くのパラメータは不確定要素が大きく、正確な数値を得ることは難しいため、この方程式はあくまで仮説的な推定の道具に過ぎません。しかし、ドレイク方程式は地球外知的生命の可能性を科学的に捉える最初の試みとして、宇宙探査における重要な基盤を築きました。ちなみに、個人的には「通信可能な期間(L)」が興味深いです。これは文明が継続する期間と言い換えてもよく、この要素を考えるとき、私たちの文明がどれくらい続くかを参考にする必要があります。私たちの文明はどれくらい続くのか？　言い換えれば、私たちの文明はどういう理由で、いつ終わるのか？　を考えなければなりません。地球外文明の可能性を考えるということは、私たち人類の将来について考えることでもあるのです。みなさんもドレイク方程式を使って、地球外生命が存在する確率について自分で計算し、周囲の人と議論すると楽しいかもしれません。

銀河系に知的生命体がどれだけ存在するのかを見積もるドレイク方程式のイメージ図。以下CC BY-SAライセンスに基づき画像を加工・合成:背景：©ESA/Euclid/Euclid Consortium/NASA, image processing by J.-C. Cuillandre (CEA Paris-Saclay), G. Anselmi [CC BY-SA 3.0 IGO]、 左下：ESA & P. Gómez-Alvarez / music: B. Lynne [CC BY-SA 3.0 IGO]、地球:©dak、人類の進化:©Tkgd2007 [CC BY-SA 3.0]

chapter 8

知的生命体と交信するために
SETI 計画

夜空を見上げると、無数の星々が輝いており、その周りを公転する惑星には、私たちと同様、あるいはさらに発展した文明を築いた知的生命が存在している可能性があります。もし宇宙のどこかに知的生命が存在しているなら、彼らが私たちへのコンタクトを試みているかもしれません。その答えを探るため、1960年代に始まったのが「**SETI（地球外生命探査）計画**」です。SETI計画は、地球外文明が発信する電波を捉える試みであり、私たち自身が利用している電波通信技術と同様の手法で、他の文明からの信号を探すという、まるでSFの世界を現実にしたようなプロジェクトです。

この計画では、「**もし宇宙に知的生命が存在するなら、彼らも電波通信を利用しているはず**」という予測に基づき、広範囲に渡る電波観測を行っています。特に、SKA望遠鏡は従来の電波望遠鏡と比べ100倍以上の感度を持ち、微弱な信号さえも検出できるため、遠方に存在する文明の発信する電波も捕捉できる可能性があります。たとえば、地球から数光年離れた惑星で知的生命が航空機を運用していれば、飛行機のレーダー信号のような人工的な電波が検出されるかもしれません（ただし、実際には数光年程度は宇宙スケールで見れば非常に近い距離なので、可能性は低そうですが）。

また、SETIは受信だけでなく、私たちからも宇宙へ向けたメッセージを送信しています。1974年、プエルトリコのアレシボ天文台から発信された「**アレシボ・メッセージ**」には、望遠鏡や人類、DNAの構造などが込められており、さらに、ボイジャー探査機に搭載された「**ゴールデンレコード**」には、動物の鳴き声や音楽など多様な情報が収められ、太陽系外へと旅立っています。SETI計画が目指すのは、単に地球外文明の存在を突き止めるだけでなく、宇宙における私たちの位置を再認識し、知的生命との対話を実現する第一歩を踏み出すことにあるのです。いつの日か、空から降る無数の信号の中に、知的生命からのメッセージが紛れ込んでいるかもしれません。もしかすると、その発見の瞬間は、今夜かもしれません。

アレシボ・メッセージ ©AnonMoos [CC BY-SA 3.0]

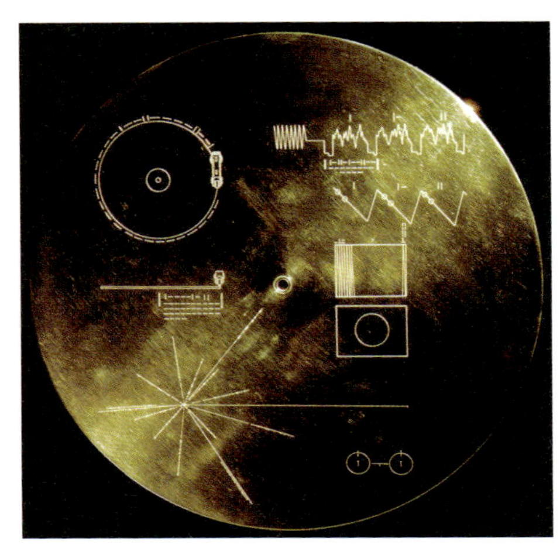

ボイジャーに搭載されたゴールデンレコード ©NASA/JPL

あとがき

　私は中国の雲南大学中国西南天文研究所に勤務をしている大学教員であり、主な業務は「研究」「大学院生指導」「講義」です（これらに加えて、研究所の運営会議にも参加しなければなりません…)。研究成果である論文は研究者間では情報が共有されるものの、研究者以外の方に読まれることは少ないですし、大学院生指導や講義も大学・研究所内で行われるものです。つまり、私の普段の業務は研究者以外、大学・研究所外には中々伝わらない閉じたものなのです。

　しかし、学問は広く社会に開かれているべきであり、大学外の方々にも学問を楽しんでもらいたいという気持ちは前々からありました。そんな中2020年の頭から始まったのがコロナ禍で、リモートワークなどオンラインを通した活動が広く普及していき、私も海外にいながらにしてオンラインツールを通じた一般講演の機会を頂くことが増えました。宇宙の面白さを一般の方々に伝える活動は私にとっても新しい発見に出会うことがあり充実したものでした。そんな中で「さらに多くの人に宇宙の魅力を伝えるために、本を書いてみたい」という気持ちが強くなり、SNSで何気なくその気持ちを呟いたら、技術評論社の浦野さんの目に止まり、書籍出版のお話を頂きました。自分のやりたい事は口に出してみるものですね。この本で取り扱っている内容は、私が大学にて教養科目として開講している『現代天文学入門』をベースとしています。科学を専門としない学生も多く受講する講義なので、宇宙の面白さをわかりやすく伝えることを意識して講義を行っています。この本を手に取った方は、宇宙に興味のある方もいれば、もしかしたらそうでない方もいると思いますが、幅広い層の読者の皆さんにとって、何か一つでも印象に残る宇宙の話に出会えたなら幸いです。

この本の内容に満足せず、より高度な内容を学びたい方には以下の書籍をオススメします。

『ビジュアル天文学史：古代から現代まで 101 の発明発見と挑戦』
こちらは、豊富なカラー図板で天文学の歴史をたどる内容となっています。

『基礎から学ぶ宇宙の科学　現代天文学への招待』
本書と同様、幅広い天文学の話題を取り扱っていますが、数式も多少出てくるので、より発展的な内容について勉強したい方向けです。

『Astronomy（English Edition）』
私が講義の際に参考にしたテキストです。英語ではありますが、電子版で 1000 ページを超える内容で天文学の話題を広く網羅しています。数式はほとんど用いられておらず、英語が読めるなら意欲的な高校生でも読める内容となっています。

『シリーズ　現代の天文学（全十八巻）』
大学で天文学を学ぶ大学生や大学院生向けの本です。日本天文学会が刊行しており、星や銀河、宇宙論など天文学のほとんど全分野について日本の第一線で活躍する天文学者達が執筆しています。

以上、紹介した本はより発展的な天文学の内容へと誘ってくれるでしょう。また、上記で紹介した本の中で紹介されている参考文献をチェックすることで、さらに深い内容を学習することができます。参考文献はさらなる知の探求のガイドとなってくれます。

本のあとがきは、支えてくれた家族への感謝で締められる事が多く、私も家族への感謝を述べたいところですが、残念ながら（?）私は独身であり、感謝を述べる妻や子供もいないため、普段SNSで交流して頂いているフォロワーの皆さんへの感謝で締めたいと思います。

■ お問い合わせについて

・ご質問は本書に記載されている内容に関するものに限定させていただきます。本書の内容と関係のないご質問には一切お答えできませんので、あらかじめご了承ください。
・電話でのご質問は一切受け付けておりませんので、FAX または書面にて下記までお送りください。また、ご質問の際には書名と該当ページ、返信先を明記してくださいますようお願いいたします。
・お送り頂いたご質問には、できる限り迅速にお答えできるよう努力いたしておりますが、お答えするまでに時間がかかる場合がございます。また、回答の期日をご指定いただいた場合でも、ご希望にお応えできるとは限りませんので、あらかじめご了承ください。
・ご質問の際に記載された個人情報は、ご質問への回答以外の目的には使用しません。また、回答後は速やかに破棄いたします。

■ 問い合わせ先

〒 162-0846
東京都新宿区市谷左内町 21-13
株式会社技術評論社 書籍編集部
「宇宙の謎に迫る！　中学生からわかる現代天文学」
質問係
FAX：03-3267-2271
URL：https://book.gihyo.jp/116

書籍ページ

● 装丁／本文デザイン　加藤愛子（株式会社オフィスキントン）
● DTP　株式会社デジタルプレス

科学の扉
Gateway to Science

宇宙の謎に迫る！中学生からわかる現代天文学

2025年 5月13日　初版　第1刷発行

著　者　島袋　隼士
発行者　片岡　巌
発行所　株式会社技術評論社
東京都新宿区市谷左内町21-13
電話　03-3513-6150　販売促進部
03-3267-2270　書籍編集部
印刷・製本　株式会社シナノ

造本には細心の注意を払っておりますが、万一、乱丁（ページの乱れ）や落丁（ページの抜け）がございましたら、小社販売促進部までお送りください。送料小社負担にてお取り替えいたします。

ISBN978-4-297-14854-6 C3044
Printed in Japan